基礎
コンピュータシステム

浅川 毅 著

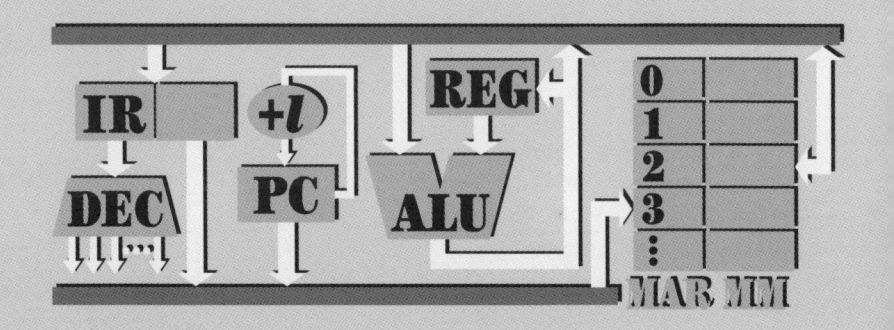

東京電機大学出版局

本書の全部または一部を無断で複写複製（コピー）することは，著作権法上での例外を除き，禁じられています．小局は，著者から複写に係る権利の管理につき委託を受けていますので，本書からの複写を希望される場合は，必ず小局（03-5280-3422）宛ご連絡ください．

はじめに

　現在，コンピュータは，肉眼で見えぬほど小さな組込み型のものから超高性能なスーパーコンピュータに至るまで，さまざまなタイプのものがあらゆるところで応用されている。それゆえに，コンピュータに関する専門家はもとより，何らかの形でコンピュータに携わる多くのエンジニアたちにとっても，コンピュータシステムの知識と理解が求められている。

　本書は，コンピュータシステムについてハードウェアを中心として解説したものである。電気，電子，情報系の学生を対象に編集しているが，他学科の学生や技術者の入門書として活用できるように，次の点に留意して構成した。

・基本的事項を重視し，できるだけ平易な表現を用いた。
・参考書として活用できるように章の独立性を高めた。
・重要用語を索引に示すとともに，和英と英和のテクニカルタームを付した。
・理解を深めるための例題と演習を取り上げた。

　各章の構成は以下のとおりである。

　第1章　コンピュータの基本構成と動作原理
　　　コンピュータの基本であるプログラム内蔵式コンピュータの構成と動作原理を解説する。
　第2章　命令とアドレッシング
　　　コンピュータの実行メカニズムを理解するために，命令の形式とアドレスの指定法について解説する。
　第3章　コンピュータにおけるデータの扱い
　　　コンピュータ内部で扱われるデータの種類と表現法について解説する。

第4章　論理回路
　　コンピュータハードウェアを構成する論理回路の基本について解説する。
第5章　論理回路の簡単化
　　ディジタル回路を設計する際の簡単化手法について解説する。
第6章　制御回路
　　制御装置の基本的回路構成と実現方法について解説する。
第7章　演算回路
　　演算回路に関して，代表的な回路構成と実現方法について解説する。
第8章　主記憶装置と入出力装置
　　主記憶装置と入出力装置の役割と構成について解説する。
第9章　コンピュータの高速化技術
　　コンピュータを高速化する技術についてコンピュータアーキテクチャの面より解説する。
第10章　コンピュータシステムの評価
　　コンピュータシステムの評価尺度として，処理能力と信頼性について解説する。

　ますます発展を続けるコンピュータ応用分野において，柔軟かつ独創的な応用力が求められている。確固とした基礎技術力の延長線上に応用技術が培うものである。将来の技術者たちの足がかりとして本書が活用されれば幸いである。

　終わりに，本書を出版するにあたり多大なご尽力をいただいた東京電機大学出版局の植村八潮氏，石沢岳彦氏に深く感謝申し上げる。

　2004年2月

著者しるす

も く じ

第1章 コンピュータの基本構成と動作原理 ……………………………1
- 1.1 コンピュータの基本構成 ……………………………………1
- 1.2 コンピュータの動作原理 ……………………………………3
- ●演習問題 …………………………………………………………9

第2章 命令とアドレッシング ……………………………………………11
- 2.1 命令の種類と形式 ……………………………………………11
- 2.2 アドレス指定とアドレス修飾 ………………………………15
- ●演習問題 …………………………………………………………18

第3章 コンピュータにおけるデータの扱い ……………………………19
- 3.1 データの種類 …………………………………………………19
- 3.2 数値データ ……………………………………………………20
- 3.3 文字データ ……………………………………………………27
- ●演習問題 …………………………………………………………30

第4章 論理回路 ……………………………………………………………33
- 4.1 スイッチング理論 ……………………………………………33
- 4.2 組合せ回路の特性と動作 ……………………………………37
- 4.3 順序回路の特性と動作 ………………………………………41
- ●演習問題 …………………………………………………………46

第5章　論理回路の簡単化 …………………………………49

 5.1　標準形による表現 …………………………………49
 5.3　組合せ回路の簡単化 ………………………………58
 5.2　カルノー図による表現 ……………………………58
 5.3　カルノー図による簡単化 …………………………66
 ● 演習問題 ………………………………………………72

第6章　制御回路 …………………………………………75

 6.1　信号の符号化と分配 ………………………………75
 6.2　ストローブ入力とカスケード接続 ………………78
 6.3　カウンタ ……………………………………………81
 6.4　制御回路 ……………………………………………91
 6.5　割込み制御 …………………………………………94
 ● 演習問題 ………………………………………………96

第7章　演算回路 …………………………………………97

 7.1　パリティチェッカ …………………………………97
 7.2　加算器 ………………………………………………100
 7.3　レジスタとシフトレジスタ ………………………105
 7.4　乗算器，除算器 ……………………………………110
 ● 演習問題 ………………………………………………114

第8章　主記憶装置と入出力装置 ………………………115

 8.1　記憶階層 ……………………………………………115
 8.2　メモリの基本構成と特性 …………………………117
 8.3　メモリの分類 ………………………………………119
 8.4　入出力装置 …………………………………………124

　　　　●演習問題 ……………………………………………………………… 132

第9章　コンピュータの高速化技術 …………………………………… 135

　　9.1　マルチプログラミングとキャッシュメモリ ………………… 135
　　9.2　パイプライン ……………………………………………………… 144
　　9.3　並列処理 …………………………………………………………… 149
　　　　●演習問題 ……………………………………………………………… 153

第10章　コンピュータシステムの評価 ………………………………… 155

　　10.1　処理能力 …………………………………………………………… 155
　　10.2　システムの構成 …………………………………………………… 157
　　10.3　システムの信頼性 ………………………………………………… 160
　　　　●演習問題 ……………………………………………………………… 162

演習問題解答 …………………………………………………………………… 165

付録 ……………………………………………………………………………… 183

　　1.　CPUとメモリの基本概念図 …………………………………… 183
　　2.　タイミングチャート用紙 ……………………………………… 184
　　3.　テクニカルターム ……………………………………………… 185

参考文献 ………………………………………………………………………… 195

索引 ……………………………………………………………………………… 196

第1章 コンピュータの基本構成と動作原理

1940年代に開発されたコンピュータは，社会の要求に応じて発展するとともに，新たな利用分野の拡大を続けている。そして現在では家電製品に組み込まれる小型なものからスーパコンピュータなどの高度なものまで，さまざまなタイプのコンピュータが社会生活の中で利用されている。本章では，これらの基本となるプログラム内蔵式コンピュータの構成と動作原理について解説する。

1.1 コンピュータの基本構成

❶ プログラム内蔵式

現在使われているほとんどのコンピュータは，**プログラム内蔵**（stored program）式と呼ばれるコンピュータである。プログラム内蔵式は，ノイマン（J. Von Neumann）によって1945年に「電子計算機の論理設計序論」によって，その概念が発表された。そのため**ノイマン型コンピュータ**とも呼ばれている。

以下にプログラム内蔵式コンピュータの主な特徴を示す。
① プログラムやデータは，記憶装置に格納され，アドレスによって指定されアクセスされる。
② 記憶装置に格納された命令は，**プログラムカウンタ**（**PC**：program counter）によって逐次的に指定され，実行がなされる。

表1.1 コンピュータの歴史（機械式計算機～プログラム内蔵式コンピュータ）

年代	開発者等	主な特徴
1642	パスカル （P. Pascal）	歯車式加減算機
1671	ライプニッツ （G. W. Leibniz）	円筒式歯車乗算機
1833	バベジ（Babbage）	「解析機関 Analytical Engine」を構想
1939	アタナソフ （J. V. Atanasoff） ベリー（C. E. Berry）	アイオワ州立大学：ABC（Atanasoff-Berry Computer）を開発 世界初のコンピュータと言われている。 約300本の真空管で構成される。
1942～1946	モークリー （J. W. Mauchly） エッカート（J. P. Eckert）	ペンシルバニア大学：ENIAC（Electronic Numerical Integrator And Calculator）を開発 18800本の真空管、30ｔの重量 プログラムはスイッチやケーブル結線で指示 第2次世界大戦の弾道計算に使用される。
1944～1952	ノイマン （J. V. Neumann）	ペンシルバニア大学：EDVAC（Electronic Discrete Variable Automatic Computer） プログラム内蔵式コンピュータ
1946～1949	ウイルクス （M. V. Wilkes）	ケンブリッジ大学：EDSAC（Electric Delay Storage Automatic Calculator） プログラム内蔵式コンピュータ EDVACプロジェクトの影響を受けたと言われている。

❷ コンピュータの基本構成

図1.1にコンピュータの基本構成を示す。

① 主記憶装置（main memory unit）

プログラムやデータを格納する。

② 演算装置（arithmetic unit）

算術演算，論理演算を行う。

③ 制御装置（control unit）

命令に従って各装置を制御する。制御装置と演算装置を合わせて**中央処理装置**

図1.1 コンピュータの基本構成

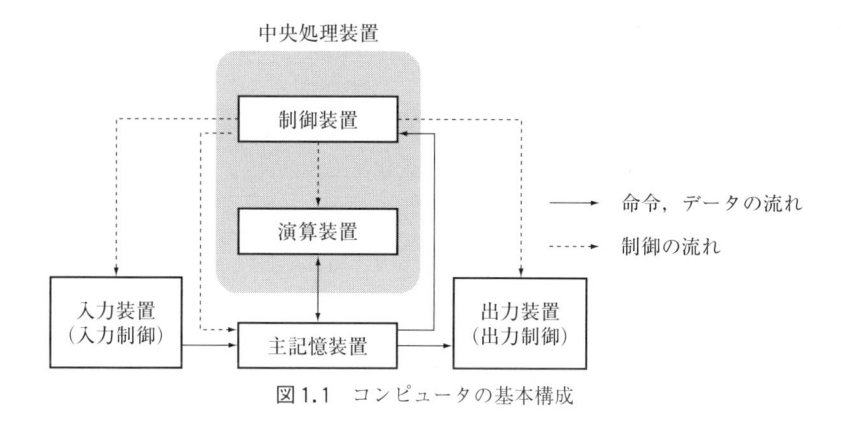

（**CPU**：central processing unit）と呼ぶ。
④ 入力装置（input unit）
　プログラムやデータの入力を行う。
⑤ 出力装置（output unit）
　演算結果などのデータを出力する。

1.2 コンピュータの動作原理

❶ CPU とメモリ構成

図 1.2 に CPU とメモリの基本概念図を示す。
① 命令レジスタ（**IR**：instruction register）
　読み出された命令を一時格納する。
② デコーダ（**DEC**：decoder）
　命令を解読し，各装置への制御信号やプログラムやデータをアクセスするためのアドレスを発生する。
③ プログラムカウンタ（**PC**：program counter）
　逐次実行を実現するための命令アドレスを発生し，主記憶装置から命令が読み

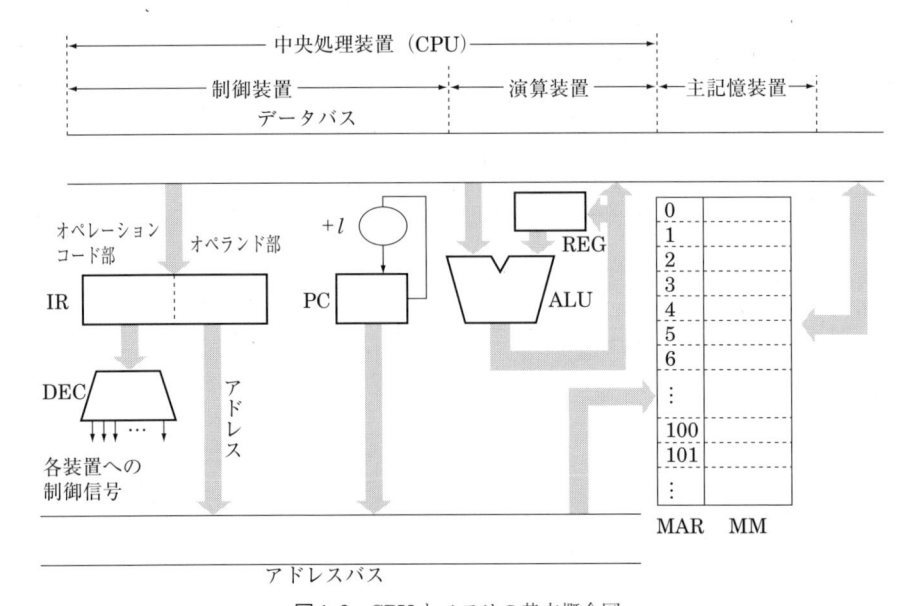

図1.2 CPUとメモリの基本概念図

出された後，自動的に次に実行すべき命令が格納されているアドレスを示す．

④ 算術論理演算装置（**ALU**：arithmetic–logic unit）

四則演算，比較演算，論理演算などの演算を行う．

⑤ レジスタ（**REG**：register）

演算などに必要なデータを一時格納する．

⑥ メモリアドレスレジスタ（**MAR**：memory address register）

主記憶装置へアクセスするためのアドレスを格納する．

⑦ メインメモリ（**MM**：main memory）

アドレス指定された記憶位置に対して，命令やデータの読み書きを行う．

❷ 命令の実行

表1.2にプログラム例を示す．これは，主記憶装置 MM の 100 番地より読み出したデータをインクリメント（+1）して，101 番地に格納するものである．

表 1.2　プログラム例

	メモリ 格納番地	命令長 (バイト)	命令	処理内容
1	0～2	3	LD REG,（100）	MM の 100 番地のデータをレジスタ REG に転送せよ
2	3	1	INC REG	REG のデータを +1 せよ
3	4～6	3	LD（101），REG	REG のデータをメモリの 101 番地に転送せよ

命令 1，命令 3 は，3 バイトで構成され，命令 2 は 1 バイトで構成されるものとする．ここで，命令を構成するのに必要なメモリ容量を，各命令の**命令長**と呼ぶ．

◆ 命令 1 の読み込み

プログラムカウンタ PC の初期値を 0 とする．このとき，MM の 0 番地，1 番地，2 番地の内容，すなわち 3 バイト分の命令 1 が，命令レジスタ IR に読み込まれる．それと同時に PC は次の命令の読み込みに備え，+3（+命令長）される．

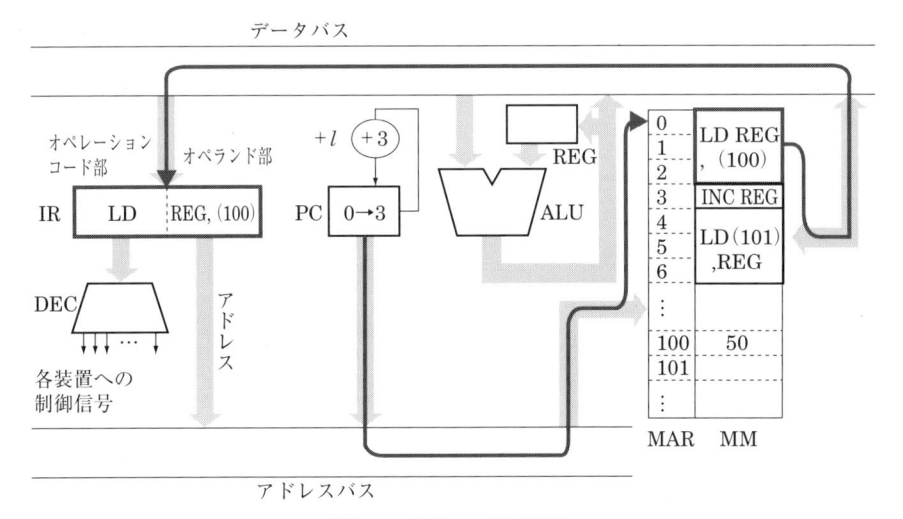

図 1.3　命令 1 の読み込み

◆ 命令 1 の解読，実行

IR に格納された命令 1 がデコーダ DEC で解読され，各装置に制御信号を送

ると同時に命令1のアドレス100がメモリアドレスレジスタMARへ送られる。この結果，命令1「MMの100番地のデータ（例：50）をREGに転送せよ」が実行される。

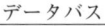

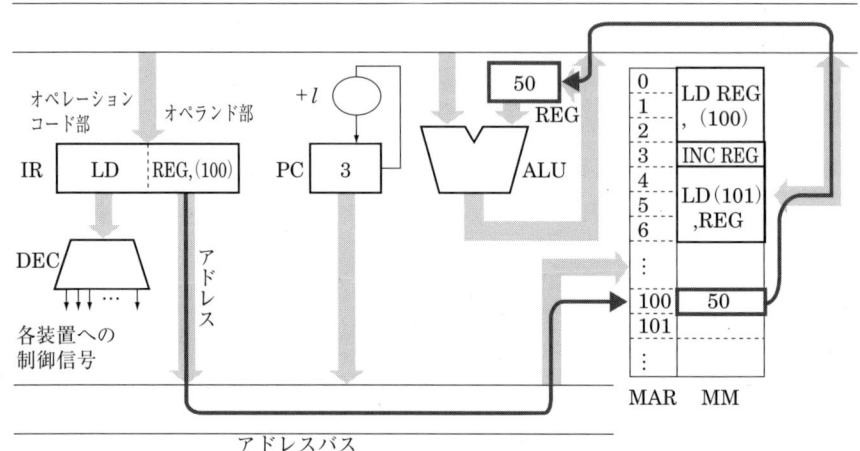

図1.4 命令1の解読，実行

◇命令2の読み込み

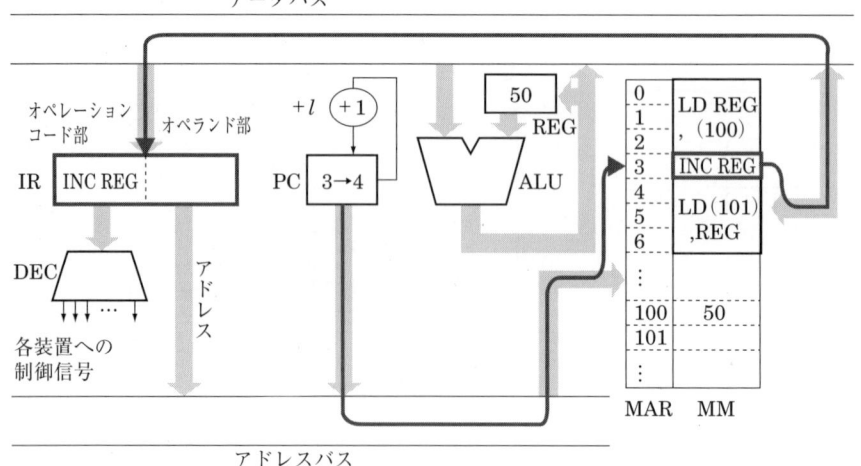

図1.5 命令2の読み込み

PCのアドレス（3番地）によって，MMより命令2がIRに読み込まれる。PCは次の命令の読み込みに備え，+1される。
◆命令2の解読，実行
　IRに格納された命令2がDECで解読され，各装置に制御信号が送られる。この結果，算術論理演算装置ALUによってレジスタREGの内容がインクリメント（+1）される。

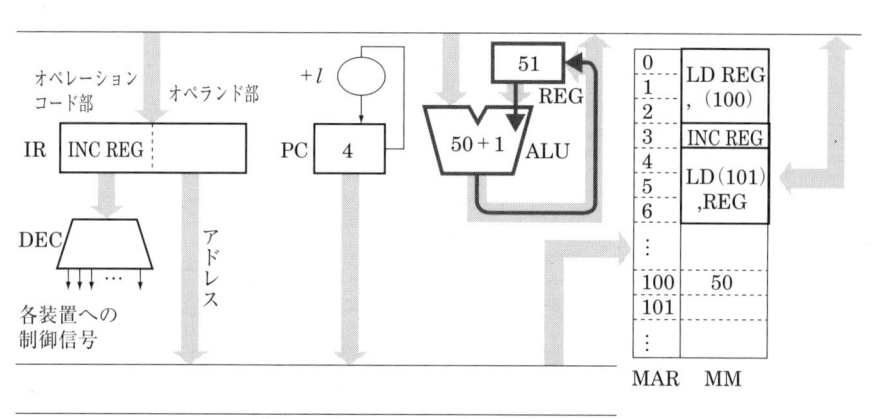

図1.6　命令2の解読，実行

◆命令3の読み込み
　PCで指定されたアドレス4番地より3バイト分の命令3がIRに読み込まれる。PCは次の命令の読み込みに備えて，+3される。
◆命令3の解読，実行
　IRに格納された命令3がDECで解読され，各装置に制御信号が送られると同時に命令3中のアドレス101がMARに送られる。この結果，命令3「REGのデータをMMの101番地に転送せよ」が実行される。

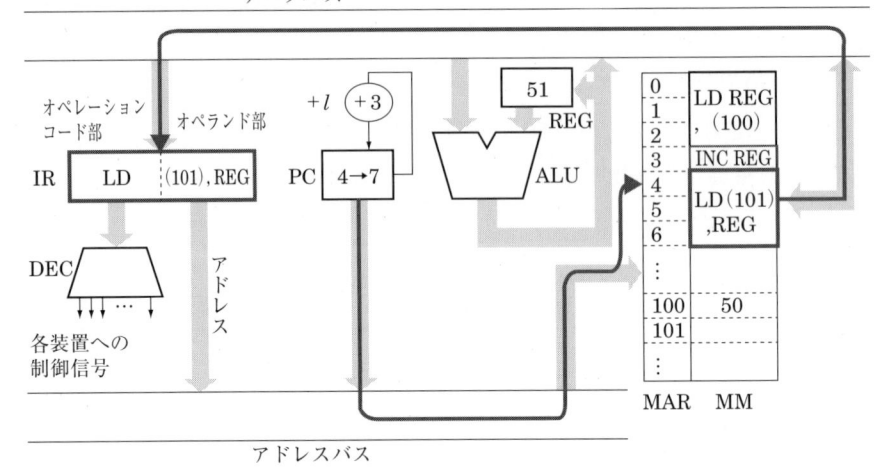

図1.7 命令3の読み込み

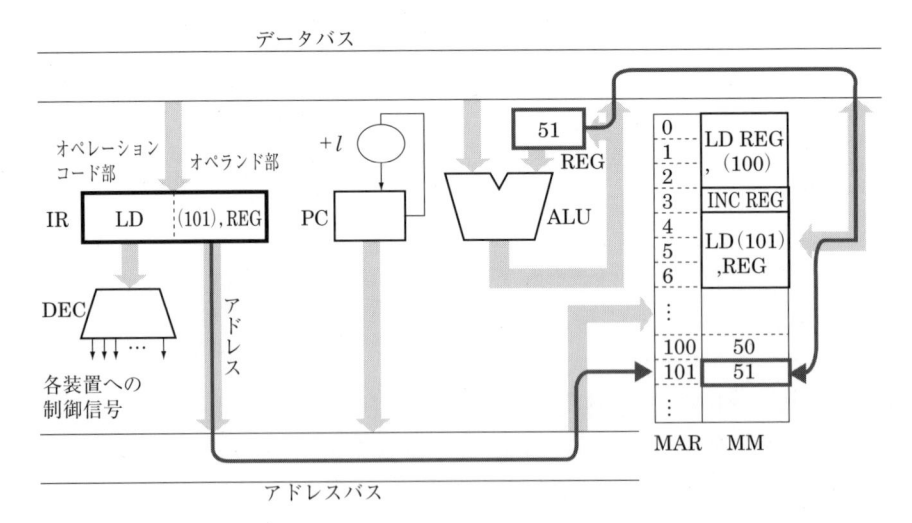

図1.8 命令3の解読，実行

8　第1章 コンピュータの基本構成と動作原理

● 演習問題 ●

[1] コンピュータを構成する以下の装置の働きについて述べよ。
    (1) 命令レジスタ　　　　(2) デコーダ
    (3) プログラムカウンタ　(4) 算術論理演算装置
    (5) レジスタ　　　　　　(6) メモリアドレスレジスタ
    (7) 主記憶装置
[2] プログラム内蔵方式の特徴を説明せよ。
[3] コンピュータの特徴を他の装置と比較して説明せよ。
[4] 8 MHz の動作クロックを使用するコンピュータのサイクルタイムはいくらか。
[5] 8 ビットのアドレスで表現できるアドレス範囲を答えよ。

第2章 命令とアドレッシング

プログラミング言語を使用して作成されたプログラムは，最終的には機械語と呼ばれる2進数の命令に変換され，主記憶装置に置かれる。

本章では，機械語命令の形式と命令やデータを指定する際のアドレスの指定法について解説する。

2.1 命令の種類と形式

❶ 基本的な命令

コンピュータはプログラムに示された処理手順に従って，与えられたデータを処理し，出力（保存）する。これらの機能を実現するための基本命令として，データ転送命令，演算命令，プログラム制御命令があげられる。

① データ転送命令

CPU内のレジスタを中心として，データ転送が行われる。入出力装置とのデータ転送（図2.1 ③～⑥）は，入出力制御として扱われる。

② 演算命令

四則演算，算術シフト，大小比較などの算術演算や基本論理演算，論理シフト，ビット操作などの論理演算を行う。

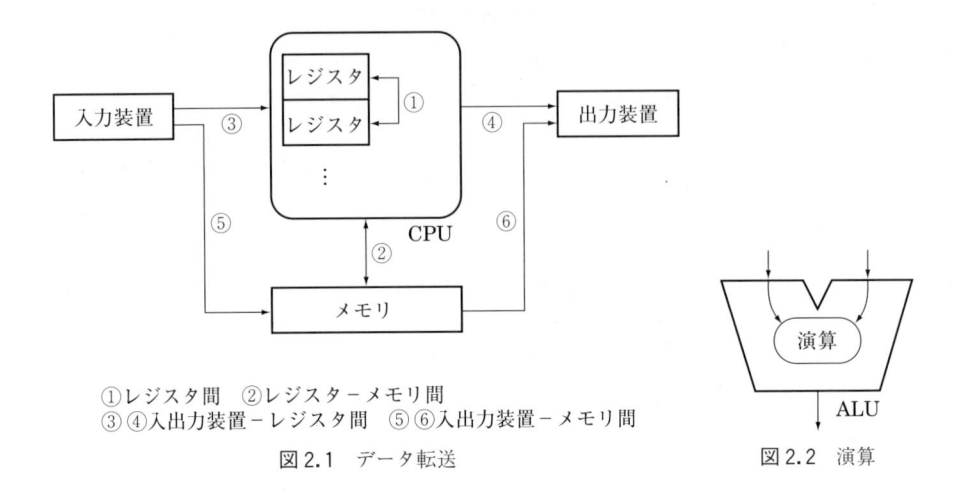

①レジスタ間　②レジスタ-メモリ間
③④入出力装置-レジスタ間　⑤⑥入出力装置-メモリ間

図2.1　データ転送

図2.2　演算

③ プログラム制御命令

　主記憶装置にプログラムとして格納された命令は，通常，プログラムカウンタのカウントアップによって逐次処理される。分岐命令等で，プログラムの流れを制御する場合は強制的に分岐先アドレスをプログラムカウンタにセットする。

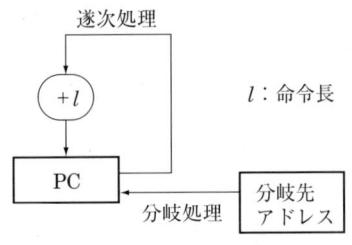

図2.3　プログラムカウンタのセット

l：命令長

　プログラムの実行順序を制御する命令として，①無条件分岐，②条件付き分岐，③サブルーチン呼び出し，④サブルーチンからの戻りがあげられる。

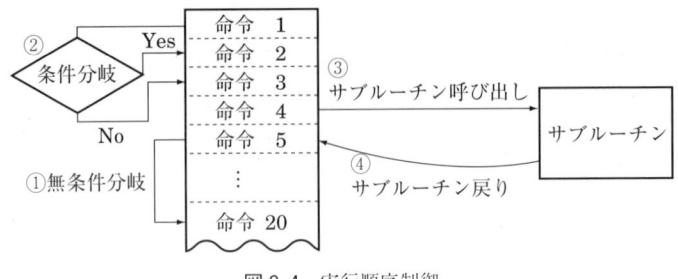

図2.4　実行順序制御

❷ 命令の形式

命令は，操作の内容を示す**オペレーションコード**（operation code）部と操作の対象を示す**オペランド**（operand）部より構成される。一般にオペランドは1～3程度で構成されるが，**無操作命令**（**NOP**：no operation）などオペランドをもたないものもある。

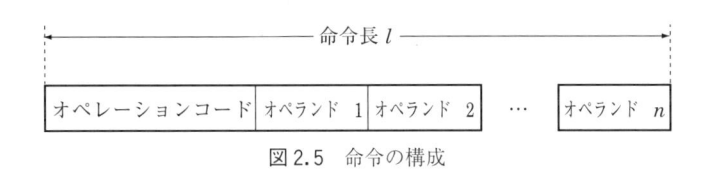

```
|←――――――――――― 命令長 l ―――――――――――→|
| オペレーションコード | オペランド 1 | オペランド 2 | … | オペランド n |
```

図2.5　命令の構成

オペランドには，レジスタ名，メモリのアドレス情報，データなどを指定する。例えば命令「LD　REG 1，（100）」を考えた場合，オペレーションコードはLD「load：転送せよ」，オペランドはREG 1「register 1」，（100）「メモリアドレス100番地」が指定される。

❸ 命令の構成によるCPUの分類

現在，用途に合わせてさまざまなCPUがつくられているが基本命令の構成より，CISC，RISC，VLIWに分類される。

（1）**CISC**（complex instruction set computer）

複数の処理を盛り込んだ複合命令により，ビジネス用やマルチメディア用などの用途に応じた命令を実現する。命令長や命令当たりのクロック数が一定でなく，制御回路が複雑になるために最大動作周波数を上げにくい面がある。

（2）**RISC**（reduced instruction set computer）

基本的に命令長が一定であり，複数命令を同時実行しやすい。構造的に最大動作周波数を上げやすい反面，複雑な処理は命令を組み合わせて実現するため，CISC以上に最大周波数を上げる必要がある。

図2.6 CISCの命令形態

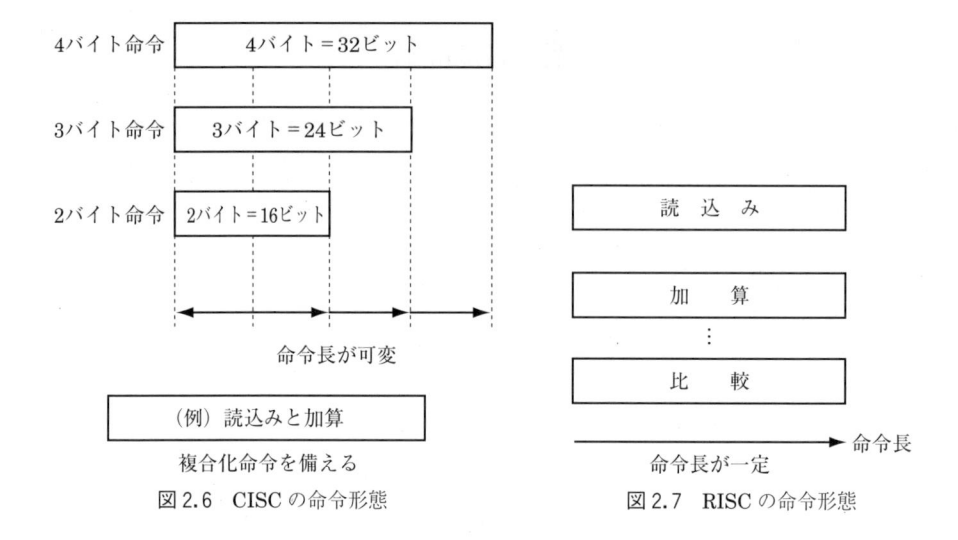

図2.7 RISCの命令形態

(3) **VLIW**（very long instruction word）
　複数の命令を128ビットなどの長い命令長の複合命令として構成する．命令はパケットと呼ばれる処理単位に分割され，複数の実行ユニットによって，並列処理される．理論的には集積される実行ユニット数の増加により処理能力を上げることができる．ただし，処理能力はコンパイラによる最適化技術にも依存する．

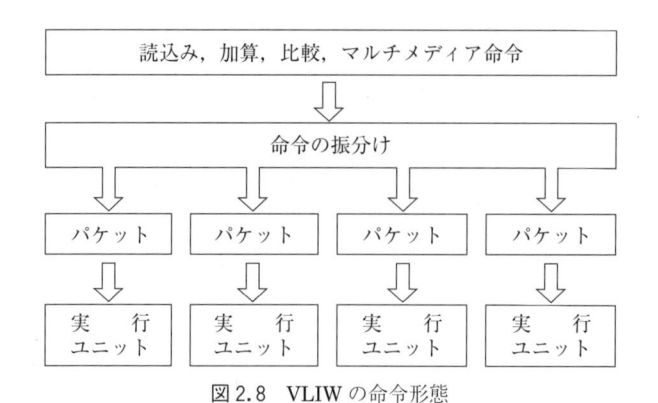

図2.8 VLIWの命令形態

2.2 アドレス指定とアドレス修飾

命令のオペランド部に示されるアドレス情報に従って，主記憶装置に格納されたデータや命令が指定される。図 2.9 にアドレスの指定方式とアドレス修飾の種類を示す。

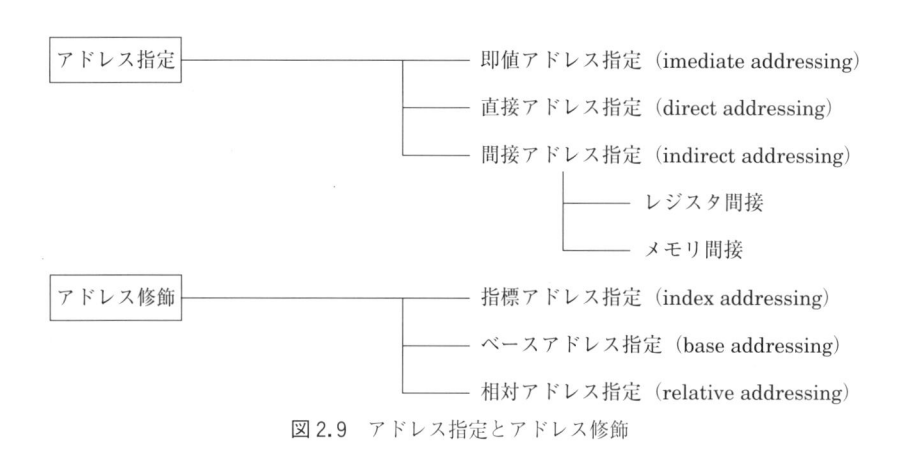

```
アドレス指定 ─┬─ 即値アドレス指定（imediate addressing）
              ├─ 直接アドレス指定（direct addressing）
              └─ 間接アドレス指定（indirect addressing）
                    ├─ レジスタ間接
                    └─ メモリ間接

アドレス修飾 ─┬─ 指標アドレス指定（index addressing）
              ├─ ベースアドレス指定（base addressing）
              └─ 相対アドレス指定（relative addressing）
```

図 2.9　アドレス指定とアドレス修飾

(1) 即値アドレス指定方式

オペランドを処理するデータとして扱う。

```
オペレーションコード  オペランド
┌─────────────┬──────┐
│             │ 100  │ ← 数 100 が入る
└─────────────┴──────┘   （データとして扱う）
```

図 2.10　即値アドレス指定方式

(2) 直接アドレス指定方式

主記憶装置のアドレスをオペランドで直接指定する。

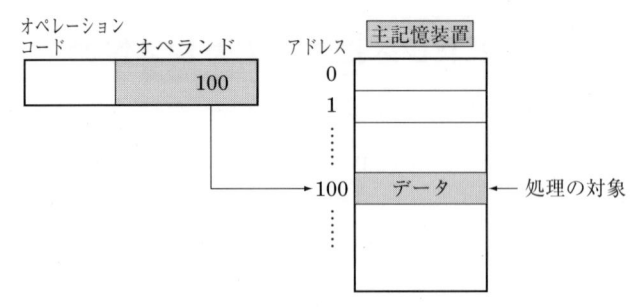

図2.11　直接アドレス指定方式

(3) 間接アドレス指定方式

オペランドで指定したアドレスに格納されているデータを，さらにメモリアドレスとして使用する。このように間接的にアドレスを指定する方式を間接アドレス指定方式という。図2.12のようにメモリを経由する場合を**メモリ間接**，レジスタを経由する場合を**レジスタ間接**と呼ぶ。

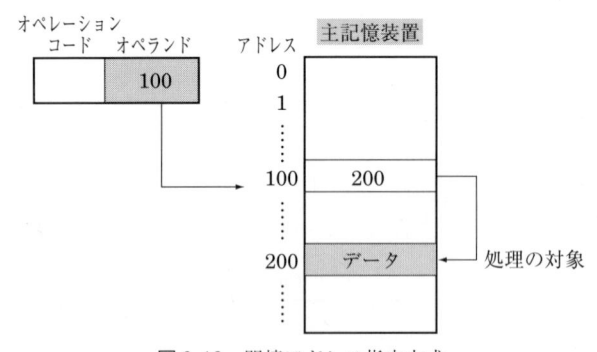

図2.12　間接アドレス指定方式

(4) 指標アドレス指定方式

オペランドにレジスタと数値を指定する。図2.13では，レジスタ5に格納されている値10に数値90を加えた値100が，主記憶装置へのアドレスとなる。このアドレス値を**実効アドレス**（effective address）と呼ぶ。ここで使用したレジ

スタを**指標レジスタ**（index register）といい，指標レジスタの内容をアドレスに加えることを**インデックス修飾**（indexing）という。これは，主記憶装置に連続して記憶されているデータを取り扱うときに用いられる。

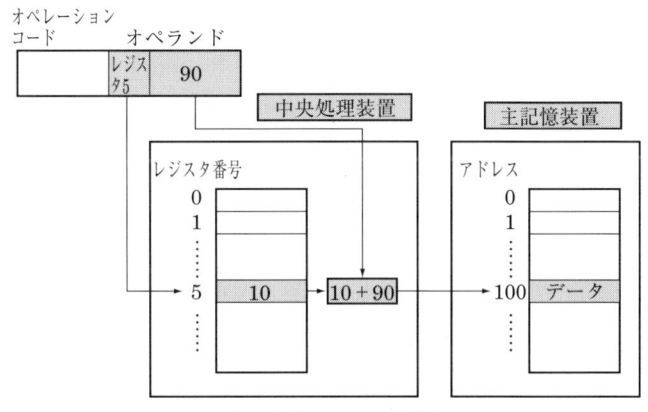

図2.13 指標アドレス指定方式

(5) ベースアドレス指定方式

　プログラムやデータが格納してある領域の先頭アドレスを**ベースアドレス**（base address），または**基底アドレス**と呼ぶ。**ベースレジスタ**（base register）に格納されたベースアドレスからの**変位分**（displacement）をオペランドで指定し，アドレス加算することにより，実効アドレスを指定する。

　ベースレジスタ相対アドレス指定方式ともいう。

　この方式では，プログラムを主記憶装置内の別の場所に配置しても，プログラムのアドレスを変更することなく，ベースアドレスの変更のみでそのまま実行できる。これを**リロケータブル**（relocatable）と呼ぶ。

(6) 相対アドレス指定方式

　現在実行中の命令アドレス（プログラムカウンタの値）にオペランドで指定した値を加え，主記憶装置へのアドレスとする。図2.14では，プログラムカウンタのアドレス90に数値10を加えた値100が主記憶装置へのアドレスとなる。

プログラムカウンタ相対アドレス指定方式ともいう。

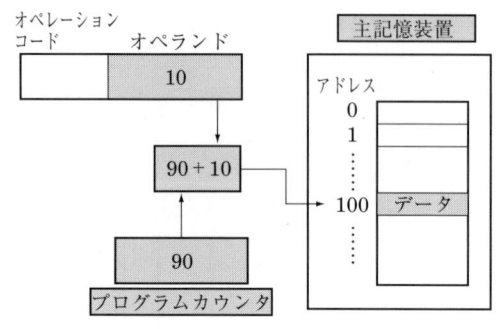

図 2.14　相対アドレス指定方式

● 演習問題 ●

[1] 現在使われている CISC, RISC, VLIW 形式の CPU をそれぞれ 1 つ選び，次の項目について調べよ。
　　（1）メーカおよび品名　　　（2）処理ビット数　　（3）命令長
　　（4）最大動作クロック　　　（5）使用製品例　　　（6）主な特長（性能）
[2] CISC, RISC, VLIW それぞれを比較し，利点と欠点をまとめよ。
[3] 命令におけるオペレーションコードとオペランドの役割を述べよ。
[4] 指標アドレス指定方式とベースアドレス指定方式の利点を説明せよ。
[5] 次の語句について調べよ。
　　（1）リロケータブル　　（2）ディスプレースメント　　（3）アドレス加算

第3章
コンピュータにおけるデータの扱い

われわれが日常使用している数字，文字，記号などのデータは，コンピュータ内部ではディジタル信号として扱われる。本章ではコンピュータにおけるデータの表現とその扱いについて解説する。

3.1 データの種類

コンピュータで扱うデータは大きく分けて，**数値データ**（numeric data）と**非数値データ**（nonnumeric data）とに分けられる。主なデータの種類を図3.1に示す。

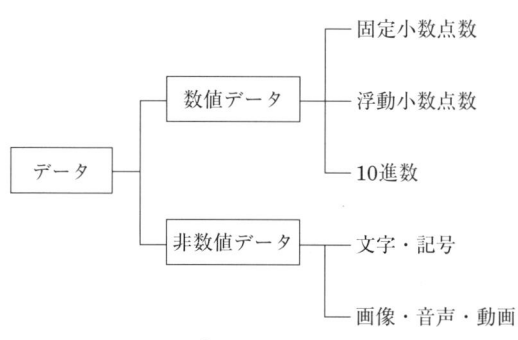

```
                ┌─ 固定小数点数
        ┌ 数値データ ─┼─ 浮動小数点数
データ ──┤          └─ 10進数
        └ 非数値データ ┬─ 文字・記号
                    └─ 画像・音声・動画
```

図3.1　コンピュータにおける主なデータ

3.2 数値データ

❶ 基 数

われわれが日常扱っている **10進数**（decimal number）は，0〜9の10種類の記号で数を表現し，n 桁目の位は 10 の $(n-1)$ 乗の重みをもつ．

表 3.1 10 進数の位取り

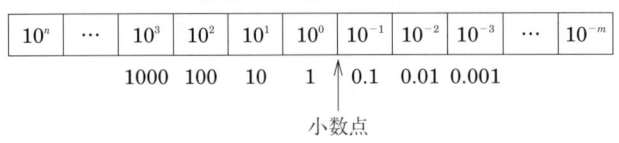

10^n	…	10^3	10^2	10^1	10^0	10^{-1}	10^{-2}	10^{-3}	…	10^{-m}
		1000	100	10	1	0.1	0.01	0.001		

↑小数点

例えば 375.83 は，$(3×10^2)+(7×10^1)+(5×10^0)+(8×10^{-1})+(3×10^{-2})$ で構成される．

コンピュータの場合は，2値であるディジタル信号で数が表現されるので，"0" と "1" の2種類の記号で数を扱う **2進数**（binary number）が用いられる．

2進数の n 桁目の位は，2 の $(n-1)$ 乗の重みをもつ．最上位ビットを **MSB**（most significant bit），最下位ビットを **LSB**（least significant bit）と呼ぶ．

表 3.2 2 進数の位取り

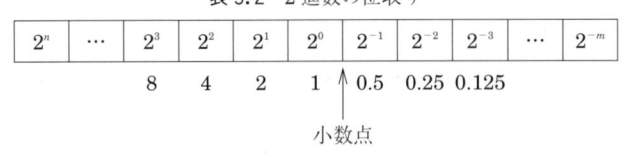

2^n	…	2^3	2^2	2^1	2^0	2^{-1}	2^{-2}	2^{-3}	…	2^{-m}
		8	4	2	1	0.5	0.25	0.125		

↑小数点

10進数における "10" や2進数における "2" などは，各位に対する基の数として，**基数**（radix）と呼ばれる．

❷ 基数の変換

コンピュータでは，ディジタル信号の"H：high"，"L：low"の2種類を2進数に割り当てて扱うため，2を基数としてデータを表現する。また，2のn乗の4，8，16なども基数として使われる。われわれが日常用いている10進数は，これらコンピュータで扱う基数形式に変換されて扱われる。

10進数を2進数に変換するには，図3.2（a）に示すように，繰り返し2で除算し，余りを求めることによって行う。

小数部は，図3.2（b）に示すように，繰り返し2を乗算し，整数部への桁上がりを求めることにより行う。

また，2進数を10進数に変換するには，各桁の重みを考えて，図3.2のように行う。

2進数の4桁分は16進数1桁に対応しているため，2進数を **16進数**（hexadecimal number）に変換して表記することがある。16進数では，0～9，A～Fの16種数の数・英字によって数を表す。基数の変換は図3.3のように4桁の2進数〔$(0000)_2$～$(1111)_2$〕と1桁の16進数〔$(0)_{16}$～$(F)_{16}$〕を対応させて行う。

表3.3　2, 10, 16進数

10進数	2進数	16進数
17	10001	11
16	10000	10
15	1111	F
14	1110	E
13	1101	D
12	1100	C
11	1011	B
10	1010	A
9	1001	9
8	1000	8
7	111	7
6	110	6
5	101	5
4	100	4
3	11	3
2	10	2
1	1	1
0.9375	0.1111	0.F
0.875	0.1110	0.E
0.8125	0.1101	0.D
0.75	0.1100	0.C
0.6875	0.1011	0.B
0.625	0.1010	0.A
0.5625	0.1001	0.9
0.5	0.1000	0.8
0.4375	0.0111	0.7
0.375	0.0110	0.6
0.3125	0.0101	0.5
0.25	0.0100	0.4
0.1875	0.0011	0.3
0.125	0.0010	0.2
0.0625	0.0001	0.1
0	0	0

$$25.375$$

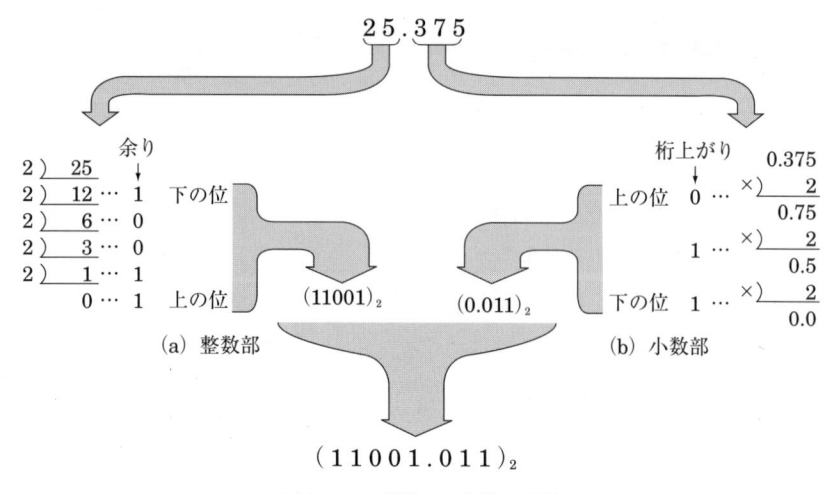

2) 25	余り
2) 12	… 1
2) 6	… 0
2) 3	… 0
2) 1	… 1
0	… 1

下の位 → 上の位 : $(11001)_2$

(a) 整数部

```
        0.375
桁上がり   × 2
上の位 0 … 0.75
         × 2
      1 … 0.5
         × 2
下の位 1 … 0.0
```

$(0.011)_2$

(b) 小数部

$(11001.011)_2$

図3.2　10進数→2進数の変換

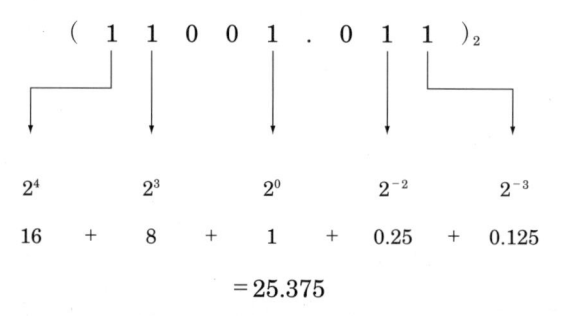

$$(1\ 1\ 0\ 0\ 1\ .\ 0\ 1\ 1)_2$$

$2^4 \quad 2^3 \quad 2^0 \quad 2^{-2} \quad 2^{-3}$

$16 \ + \ 8 \ + \ 1 \ + \ 0.25 \ + \ 0.125$

$= 25.375$

図3.3　2進数→10進数の変換

2進数		$(1\ 1\ 0\ 0\ 1\ .\ 0\ 1\ 1)_2$	
4桁単位の2進数	0 0 0 1	1 0 0 1 .	0 1 1 0
10進数	1	9	6
16進数		$(1\ 9\ .\ 6)_{16}$	

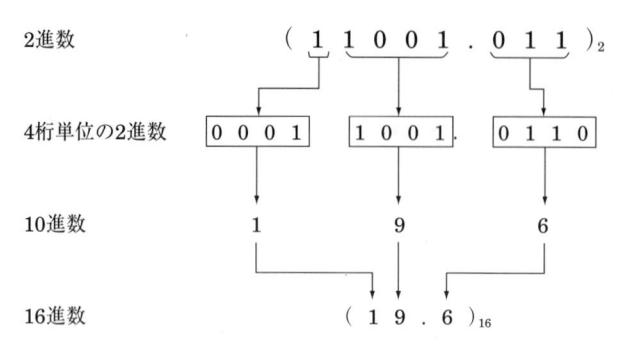

図3.4　2進数→16進数の変換

❸ 負数の表現

n ビットの 2 進数を考えた場合，表現できる数の組み合わせは，2^n 通りである。これをすべて絶対値として整数に割り当てると，0～2^n-1 までの数を表現することができる。これに対して負数を表現する場合は，符号を配慮する必要があり，符号＋絶対値表現，1 の補数表現，2 の補数表現，バイアス表現などの表現法が用いられる。

(1) 符号＋絶対値表現（sign-magnitude representation）

n ビット中の 1 ビットを符号として用いる。この場合，表現できる数の範囲は，$-(2^{n-1}-1)$～$(2^{n-1}-1)$ となる。例えば，$n=8$ の場合は，$(11111111)_2$～$(01111111)_2$ すなわち －127～127 までの整数を表現できる。

(2) 1 の補数表現

1 からそれぞれの桁のビットを引くことによって **1 の補数**（one's-complement）を求めることができる。結果的には，ビットの値が反転されたものとなる。n ビットで表現できる数の範囲は，$-(2^{n-1}-1)$～$(2^{n-1}-1)$ となる。例えば $n=8$ の場合は，$(10000000)_2$～$(01111111)_2$ すなわち －127～127 までの整数を表現できる。

(3) 2 の補数表現

1 の補数に 1 を加えたものを **2 の補数**（two's-complement）と呼ぶ。n ビットで表現できる数の範囲は，$-(2^{n-1})$～$(2^{n-1}-1)$ となる。例えば，$n=8$ の場合は，$(10000000)_2$～$(01111111)_2$ すなわち －128～127 までの整数を表現できる。符号ビットと数値ビットを区別せずに扱えるため，多くのコンピュータで使われている。

(4) バイアス表現

バイアス表現（biased representation）は，ゲタばき表現とも呼ばれ，表現する数にバイアスを加え，0 以上の数として表す。通常は，正，負の表現範囲を合わせるため，n ビットの場合は，バイアス 2^{n-1} を加える。この場合，表現できる数の範囲は $(00000000)_2$～$(11111111)_2$ すなわち －128～127 までの整数を

表現できる。

10進数	2進数による表現法			
	符号＋絶対値	1の補数	2の補数	バイアス
127	0 1 1 1 1 1 1 1	0 1 1 1 1 1 1 1	0 1 1 1 1 1 1 1	1 1 1 1 1 1 1 1
126	0 1 1 1 1 1 1 0	0 1 1 1 1 1 1 0	0 1 1 1 1 1 1 0	1 1 1 1 1 1 1 0
125	0 1 1 1 1 1 0 1	0 1 1 1 1 1 0 1	0 1 1 1 1 1 0 1	1 1 1 1 1 1 0 1
124	0 1 1 1 1 1 0 0	0 1 1 1 1 1 0 0	0 1 1 1 1 1 0 0	1 1 1 1 1 1 0 0
⸺	⸺	⸺	⸺	⸺
3	0 0 0 0 0 0 1 1	0 0 0 0 0 0 1 1	0 0 0 0 0 0 1 1	1 0 0 0 0 0 1 1
2	0 0 0 0 0 0 1 0	0 0 0 0 0 0 1 0	0 0 0 0 0 0 1 0	1 0 0 0 0 0 1 0
1	0 0 0 0 0 0 0 1	0 0 0 0 0 0 0 1	0 0 0 0 0 0 0 1	1 0 0 0 0 0 0 1
0	0 0 0 0 0 0 0 0 / 1 0 0 0 0 0 0 0	0 0 0 0 0 0 0 0 / 1 1 1 1 1 1 1 1	0 0 0 0 0 0 0 0	1 0 0 0 0 0 0 0
−1	1 0 0 0 0 0 0 1	1 1 1 1 1 1 1 0	1 1 1 1 1 1 1 1	0 1 1 1 1 1 1 1
−2	1 0 0 0 0 0 1 0	1 1 1 1 1 1 0 1	1 1 1 1 1 1 1 0	0 1 1 1 1 1 1 0
−3	1 0 0 0 0 0 1 1	1 1 1 1 1 1 0 0	1 1 1 1 1 1 0 1	0 1 1 1 1 1 0 1
⸺	⸺	⸺	⸺	⸺
−125	1 1 1 1 1 1 0 1	1 0 0 0 0 0 1 0	1 0 0 0 0 0 1 1	0 0 0 0 0 0 1 1
−126	1 1 1 1 1 1 1 0	1 0 0 0 0 0 0 1	1 0 0 0 0 0 1 0	0 0 0 0 0 0 1 0
−127	1 1 1 1 1 1 1 1	1 0 0 0 0 0 0 0	1 0 0 0 0 0 0 1	0 0 0 0 0 0 0 1
−128	―	―	1 0 0 0 0 0 0 0	0 0 0 0 0 0 0 0

図 3.5　2進数による数の表現

❹ 浮動小数点

実数を表現するには**浮動小数点表記**（floating-point number representation）が用いられる。

この表記法は，10進数における 0.234（仮数）$\times 10^3$（指数）のように，**仮数**（fraction）と**指数**（exponent）によって実数表現する方法で，小数点位置を固定する固定小数点法に比べて広い範囲を表現することができる。

指数部 e は，実際の指数にげたをはかせて，64 多い値としている．
すなわち -64〜63 を 0〜127 として示す．

```
MSB |—7ビット—|—————24ビット—————| LSB
 s  | | | | | | | |░░░░░░░░░░░░░░░░░░░░░░░░|
      └指数部 e ┘└──── 仮数部 f ────┘
 ↑            ↑
 符号       小数点
```

数値：$\pm f \times 16^{(e-64)}$　$\begin{pmatrix} s=0 \text{ のとき } + \\ s=1 \text{ のとき } - \end{pmatrix}$

【例】

```
1 | 1101001 | 00100101000000000000000
```

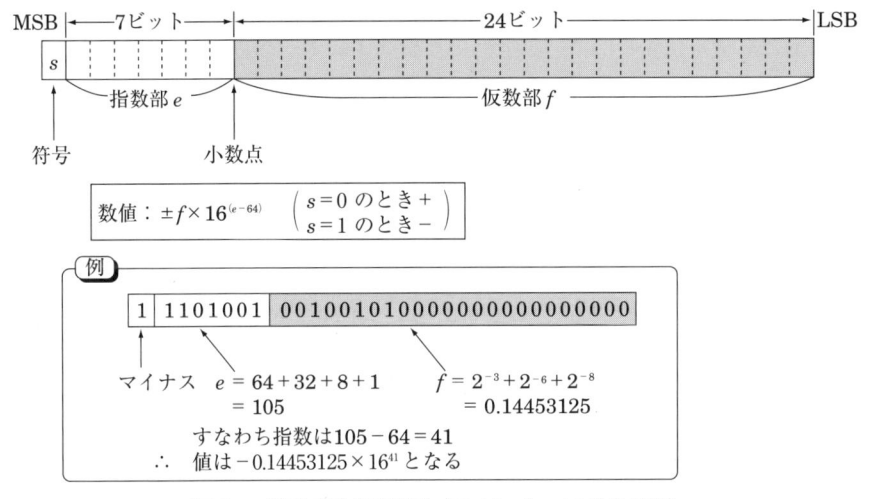

マイナス　$e = 64+32+8+1$　　$f = 2^{-3}+2^{-6}+2^{-8}$
　　　　　　 $= 105$　　　　　　　　 $= 0.14453125$
　　　すなわち指数は $105 - 64 = 41$
　　$\therefore$ 値は $-0.14453125 \times 16^{41}$ となる

図 3.6　浮動小数点表記例（32 ビット，16 進指数形）

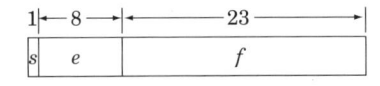

```
1|—8—|————23————|
|s| e |     f     |
```

(a) 32 ビット形式（単精度）

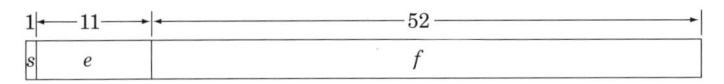

```
1|—11—|—————————52—————————|
|s|  e  |           f            |
```

(b) 64 ビット形式（倍精度）

図 3.7　浮動小数点表記例（IEEE 標準）

　仮数部の最上位桁に 0 が含まれる場合は，表現する実数の精度が落ちてしまう．そこで，仮数部の最上位桁から連続するすべての 0 を削除するように指数を調整する（増やす）．これを浮動小数点数を**正規化**（normalise）するという．

❺ 10進数の表示

10進数を符号化するには，数字当たり最低4ビットを必要とする。

代表的なコードに，**2進化10進コード**（**BCD**：binary coded decimal），**3増しコード**（excess-3 code），グレイコード（gray code）などがある。

	2進化10進コード	3増しコード	グレイコード
0	0 0 0 0	0 0 1 1	0 0 0 0
1	0 0 0 1	0 1 0 0	0 0 0 1
2	0 0 1 0	0 1 0 1	0 0 1 1
3	0 0 1 1	0 1 1 0	0 0 1 0
4	0 1 0 0	0 1 1 1	0 1 1 0
5	0 1 0 1	1 0 0 0	0 1 1 1
6	0 1 1 0	1 0 0 1	0 1 0 1
7	0 1 1 1	1 0 1 0	0 1 0 0
8	1 0 0 0	1 0 1 1	1 1 0 0
9	1 0 0 1	1 1 0 0	1 1 0 1
	重みが8,4,2,1	2進化10進に3を加える	連続するコードが1ビットのみ異なる

図3.8　10進数を表すコード例

これらのコードを複数桁並べる際に，ゾーン（zone）形式とパック（pack）形式が使われる。

(1) ゾーン10進数表示

10進数の数字を1桁ごとに扱い，それぞれを8ビットで表示する方法で，上位4ビットをゾーン部，下位4ビットを数字部として表す。最下位の数字を表すゾーン部には，符号（正のときは1100，負のときは1101）がセットされ，それ以外のゾーン部には，EBCDICでは1111，JISコードでは0011がセットされる。

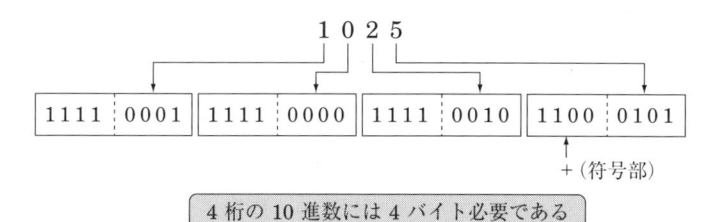

```
                1 0 2 5
                ↓ ↓ ↓ ↓
[1111:0001][1111:0000][1111:0010][1100:0101]
                                   +（符号部）
```

4桁の10進数には4バイト必要である

図3.9　ゾーン10進数表示（EBCDICの場合）

(2) パック10進数表示

1桁ごとの数字を4ビットで表示する方法で，数値の右側の部分に4ビットの符号を付加する（符号はゾーン10進数表示と同じ）。

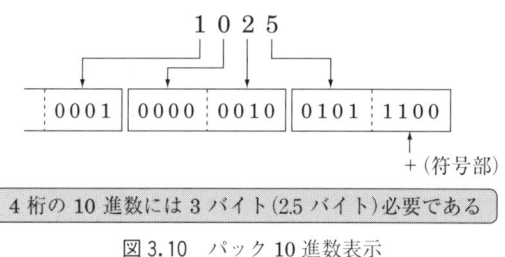

```
          1 0 2 5
          ↓ ↓ ↓ ↓
      [0001:0000:0010][0101:1100]
                         +（符号部）
```

4桁の10進数には3バイト(2.5バイト)必要である

図3.10　パック10進数表示

3.3 文字データ

文字データは，英字，数字，記号，日本語文字などの**文字コード**（character code）や**制御コード**（control code）などがあり，EBCDIC, ISO, ASCII, JIS, EUCなどのコードが定義されている。

❶ 文字コードの種類

(1) ASCIIコード

ASCIIコードは american standard code of information interchange コード

の略で，米国標準協会（**ASA**：american standards association）によって96個の文字が8ビットの構成として定められた．

(2) EBCDIC

EBCDIC は extended binary coded decimal interchange code（拡張2進化10進コード）の略で，エビシディックと呼ぶ．IBMによって，4ビットで表される2進化10進コード（BCDコード）が8ビットに拡張され，$2^8=256$ 種類の文字が表現される．

(3) ISO コード（ISO/R 646-1967）

　国際標準化機構（**ISO**：international organization for standardization）が，ASCIIコードを基本にして勧告した国際的な7ビットの標準コードで，世界中

表3.4　EBCDIC

0123	4567	行＼列	0	1	2	3	4	5	6	7	8	9	A	B	C	D	E	F
	0000	0	NUL	DLE	DS		SP	&	-	k	t	ソ			x	z	|	0
	0001	1	SOH	DC1	SOS		。	エ	/	l	ア	タ	~		A	J		1
	0010	2	STX	DC2	FS	SYN	「	オ	c	m	イ	チ	ヘ		B	K	S	2
	0011	3	ETX	TM			」	ヤ	d	n	ウ	ツ	ホ		C	L	T	3
	0100	4	PF	RES	BYP	PN	、	ユ	e	o	エ	テ	マ		D	M	U	4
	0101	5	HT	NL	LF	RS	.	ヨ	f	p	オ	ト	ミ		E	N	V	5
	0110	6	LC	BS	ETB	UC	ヲ	ッ	g	q	カ	ナ	ム		F	O	W	6
	0111	7	DEL	IL	ESC	EOT	ァ	a	h	r	キ	ニ	メ		G	P	X	7
	1000	8	GE	CAN			ィ	-	i	s	ク	ヌ	モ		H	Q	Y	8
	1001	9	RLF	EM			ゥ	b	j	、	ケ	ネ	ヤ		I	R	Z	9
	1010	A	SMM	CC	SM		¢	!	∧	:	コ	ノ	ユ	レ				
	1011	B	VT	CU1	CU2	CU3	.	¥	,	≠	u	v	y	ロ				
	1100	C	FF	IFS		DC4	<	*	%	@	サ	w	ヨ	ワ				
	1101	D	CR	IGS	ENQ	NAK	(	)	-	'	シ	ハ	ラ					
	1110	E	SO	IRS	ACK		+	;	>	=	ス	ヒ	リ	.				
	1111	F	SI	IUS	BEL	SUB	|	¬	?	"	セ	フ	ル	。				EO

28　第3章　コンピュータにおけるデータの扱い

の多くのパーソナルコンピュータは，ISO コードを基にしたコードを使用している。

(4) JIS コード

ISO コードを基に，JIS（日本工業規格：japan industrial standards）によって定められたコードで，7 ビットで表現する **7 単位 JIS** コードと，8 ビットで表現する **8 単位 JIS** コードがある。日本語の漢字は 2 バイトを用いる JIS 漢字

表 3.5　8 単位 JIS コード

			0	0	0	0	0	0	0	0	1	1	1	1	1	1	1	1
			0	0	0	0	1	1	1	1	0	0	0	0	1	1	1	1
			0	0	1	1	0	0	1	1	0	0	1	1	0	0	1	1
			0	1	0	1	0	1	0	1	0	1	0	1	0	1	0	1
$b_8 b_7 b_6 b_5$	$b_4 b_3 b_2 b_1$	列 行	0	1	2	3	4	5	6	7	8	9	A	B	C	D	E	F
	0000	0	NUL	TC_7 (DEL)	SP	0	@	P	、	p	未定義		―	タ	ミ		
	0001	1	TC_1 (SOH)	DC_1	！	1	A	Q	a	q			。	ア	チ	ム		
	0010	2	TC_2 (STX)	DC_2	″	2	B	R	b	r			「	イ	ツ	メ		
	0011	3	TC_3 (ETX)	DC_3	#	3	C	S	c	s			」	ウ	テ	モ		
	0100	4	TC_4 (EOT)	DC_4	$	4	D	T	d	t			、	エ	ト	ヤ		
	0101	5	TC_5 (ENQ)	TC_8 (NAK)	%	5	E	U	e	u			・	オ	ナ	ユ		
	0110	6	TC_6 (ACK)	TC_9 (SYN)	&	6	F	V	f	v	未		ヲ	カ	ニ	ヨ	未	
	0111	7	BEL	TC_{10} (ETB)	'	7	G	W	g	w			ア	キ	ヌ	ラ		
	1000	8	FE_0 (BS)	CAN	(	8	H	X	h	x	定		イ	ク	ネ	リ	定	
	1001	9	FE_1 (HT)	EM	)	9	I	Y	i	y			ウ	ケ	ノ	ル		
	1010	A	FE_2 (LF)	SUB	*	:	J	Z	j	z	義		エ	コ	ハ	レ	義	
	1011	B	EF_3 (VT)	ESC	+	;	K	【	k	|			オ	サ	ヒ	ロ		
	1100	C	FE_4 (FF)	IS_4 (FS)	,	<	L	¥	l	|			ヤ	シ	フ	ワ		
	1101	D	FE_5 (CR)	IS_3 (GS)	―	=	M	]	m	|			ユ	ス	ヘ	ン		
	1110	E	SO	IS_2 (RS)	.	>	N	^	n	―			ヨ	セ	ホ	゛		
	1111	F	SI	IS_1 (US)	/	?	O	―	o	DEL			ッ	ソ	マ	゜	未定義	

3.3 文字データ

コードとして，別に定められている。

(5) EUC

EUC（enhanced UNIX code）は，UNIX系OSの国際化対応のために開発された文字コード符号化の方法で，ISOコードに基づく。1985年，日本UNIXシステム諮問委員会の試案に基づき，米国AT&TによりMNLS（multinational language supplement）として規定された。日本語EUCなど，各国の文字コードの符号化は，この枠組みで規定される。

❷ 文字コード例

文字コードの例として，表3.4にEBCDIC，表3.5に8単位JISコードを示す。

● 演習問題 ●

[1] 2の補数表現の8ビットの2進数において，以下の計算及び確認をせよ。
 (1) $(75)_{10}$を2進数表示せよ。
 (2) $(-75)_{10}$を2進数表示せよ。
 (3) $(75)_{10}+(-75)_{10}=0$になることを2進数で確認せよ。
 (4) $(-75)_{10}\times -1$が$(75)_{10}$になることを2の補数を求めることによって，確認せよ。

[2] 次の(1)，(2)の表現法について16ビットの2進数で表現できる数の範囲を10進数で答えよ。
 (1) 2の補数表現
 (2) 符号+絶対値表現

[3] $(0.45)_{10}$を2進数に変換すると無限小数になることを示せ。

[4] $(0101.101)_2$を10進数に変換せよ。

[5] $(123.375)_{10}$を2進数に変換せよ。

[6] $(75)_{10}$を①2進数，②4進数，③8進数，④16進数に変換せよ。

[7] 図3.6の浮動小数点表記において，表現形式が次のように定められているとき，空欄①〜⑥に適する値を求めよ。
   (1)　仮数 f は絶対値で示す。
   (2)　指数 e の基数は16とする。
   (3)　指数 e の負数は2の補数で表す。
   この表現形式で，正の最大値は［①］であり，正の最小値は［②］である。
   $(81480000)_{16}$ は，10進数で［③］を示す。
   $(02108000)_{16}$ は，10進数で［④］を示す。
   10進数の35.5は，浮動小数点表記で［⑤］となる。
   10進数の -40.125 は浮動小数点表記で［⑥］となる。
[8] 2進化10進コード，3増しコード，グレイコード以外の10進数を表す符号について調べよ。
[9] 浮動小数点における正規化の目的について説明せよ。
[10] 次の10進数をゾーン10進数表記およびパック10進数表記とし，16進数で示せ。ただし，2進化10進コードを用い，符号はマイナスを1101，プラスを1100とする。
   (1)　35892　　(2)　-24378

第4章
論理回路

ディジタル機器であるコンピュータハードウェアは，論理回路で構成され，基本的には AND, OR, NOT 回路やフリップフロップなどの組合せにより実現されている。

本章では，コンピュータハードウェアの理解に必要となる論理回路について解説する。

4.1 スイッチング理論

ブール代数は，19世紀のイギリスの数学者ジョージ・ブール（George Boole）によって研究された理論である。

その後，1938年に米国マサチューセッツ工科大学（MIT）のシャノン（C. E. Shannon）がスイッチング理論にブール代数を応用した修士論文を書き，論理設計の基礎理論として発展し，現在ではブール代数の一部が，スイッチング理論における数学的手法として用いられている。

❶ 2値論理

真（true），偽（false）などの2つの状態による論理を **2値論理** と呼び，数字の 1・0，スイッチの ON・OFF，電圧の高・低などを対応させて表す。

例えば，図 4.1 の集合について，①A∩0　②A∪0　③A∩1　④A∪1　⑤A∩$\overline{A}$　⑥A∪$\overline{A}$ について考える。

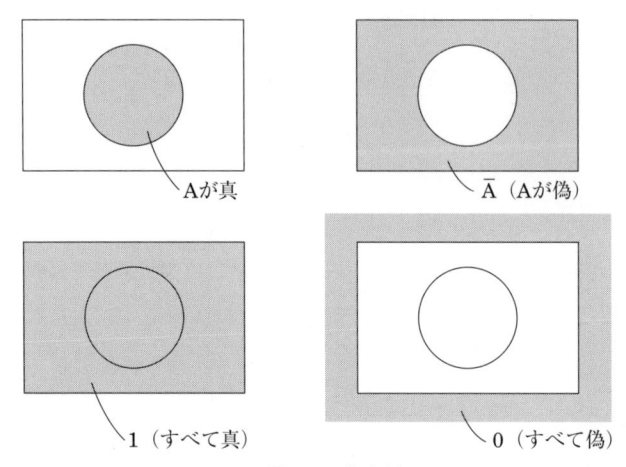

図 4.1　集合例

① A∩0：A かつ 0 のものは，該当なしなので　0
② A∪0：A または 0 のものは，A のみなので　A
③ A∩1：A かつ 1 のものは，A のみなので　A
④ A∪1：A または 1 のものは，すべての集合なので　1

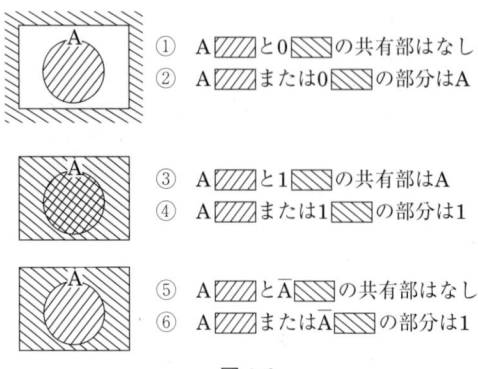

図 4.2

34　第 4 章 論理回路

⑤ A∩$\overline{A}$：A かつ $\overline{A}$ のものは，該当なしなので　0
⑥ A∪$\overline{A}$：A または $\overline{A}$ のものは，すべての集合なので　1

表 4.1 にブール代数で使われる基本的な演算子を示す。

表 4.1　ブール代数の基本演算子

演算子	読み	意味	例
・(∧)	アンド	かつ	Y=A・B
+(∨)	オア	または	Y=A+B
⁻	バー	否定	Y=$\overline{A}$

四則演算子と同じく，これら演算子には，演算の優先度が次に定められている。
　① ⁻, (　)　　② ・　　③ +
例えば，A・($\overline{B}$+A) を求める場合は，($\overline{B}$+A)→A・($\overline{B}$+A) の順に演算を行う。

❷ 真理値表

2値論理を表で示したものを**真理値表**と呼ぶ。例えば，Y=A・B に対する真理値表は，図 4.3 に示される。

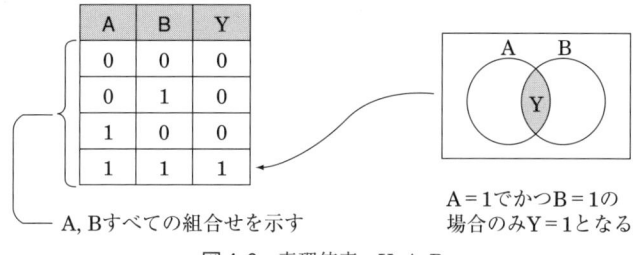

A	B	Y
0	0	0
0	1	0
1	0	0
1	1	1

A, B すべての組合せを示す

A=1でかつB=1の場合のみY=1となる

図 4.3　真理値表　Y=A・B

❸ ド・モルガンの定理

ド・モルガンの定理 $\overline{A \cdot B} = \overline{A} + \overline{B}$，$\overline{A+B} = \overline{A} \cdot \overline{B}$ はブール代数の定理の1つで，論理回路を簡単化するときに用いられる。ド・モルガンの定理 $\overline{A \cdot B} = \overline{A} + \overline{B}$ は，ベン図を用いて図4.4で証明される。

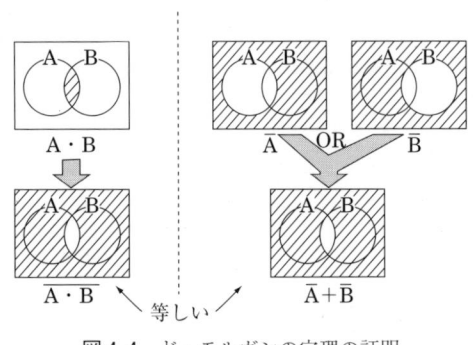

図4.4　ド・モルガンの定理の証明

ブール代数の主な法則を図4.5(1),(2)に示す。

交換則	$a \cdot b = b \cdot a$	(a,b AND → Y)	=	(b,a AND → Y)
	$a + b = b + a$	(a,b OR → Y)	=	(b,a OR → Y)
分配則	$a \cdot (b+c) = (a \cdot b) + (a \cdot c)$	(a,b,c)	=	(a,b,a,c)
	$a + (b \cdot c) = (a+b) \cdot (a+c)$	(a,b,c)	=	(a,b,a,c)

図4.5(1)　ブール代数の主な法則

吸収則	$a \cdot (a+b) = a$	(回路図)
	$a + (a \cdot b) = a$	(回路図)
結合則	$(a \cdot b) \cdot c = a \cdot (b \cdot c)$	(回路図)
	$(a+b) + c = a + (b+c)$	(回路図)
ド・モルガンの定理	$\overline{a \cdot b} = \overline{a} + \overline{b}$	(回路図)
	$\overline{a + b} = \overline{a} \cdot \overline{b}$	(回路図)
最小化定理	$(a \cdot b) + (a \cdot \overline{b}) = a$	(回路図)
	$(a+b) \cdot (a+\overline{b}) = a$	(回路図)

図 4.5(2)　ブール代数の主な法則

4.2 組合せ回路の特性と動作

　組合せ回路とは，入力の状態のみで出力の状態が決定される回路である。すなわち，入力状態に対して一意的に出力状態が決定される。

❶ 基本ゲート回路

　組合せ回路の構成要素であるゲート回路を図 4.6 に示す。

	NOT（否定）	AND（論理積）	OR（論理和）	NAND
MIL記号	A─▷○─Y	A,B─AND─Y	A,B─OR─Y	A,B─NAND─Y
真理値表	入力 A / 出力 Y 0　1 1　0	入力 A B / 出力 Y 0 0　0 0 1　0 1 0　0 1 1　1	入力 A B / 出力 Y 0 0　0 0 1　1 1 0　1 1 1　1	入力 A B / 出力 Y 0 0　1 0 1　1 1 0　1 1 1　0
論理式	$Y=\overline{A}$	$Y=A \cdot B$	$Y=A+B$	$Y=\overline{A \cdot B}$

	NOR	EXOR	EXNOR
MIL記号	A,B─NOR─Y	A,B─EXOR─Y	A,B─EXNOR─Y
真理値表	入力 A B / 出力 Y 0 0　1 0 1　0 1 0　0 1 1　0	入力 A B / 出力 Y 0 0　0 0 1　1 1 0　1 1 1　0	入力 A B / 出力 Y 0 0　1 0 1　0 1 0　0 1 1　1
論理式	$Y=\overline{A+B}$	$Y=A \oplus B$ または $A \forall B$	$Y=\overline{A \oplus B}$ または $\overline{A \forall B}$

図 4.6　基本ゲート

以下，基本ゲートを用いた回路例を示す。

（例 1）　$Y=A \cdot B + B \cdot C \cdot \overline{A+C}$ を論理回路で表現する。

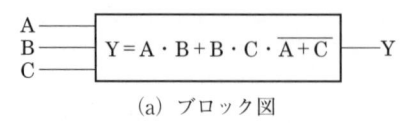

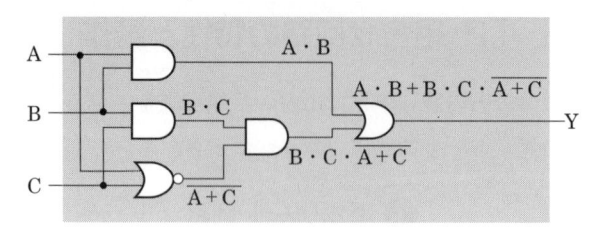

(a) ブロック図

(b) 論理回路図

図 4.7　（例 1）の回路

（例 2） 論理回路を論理式で表す。

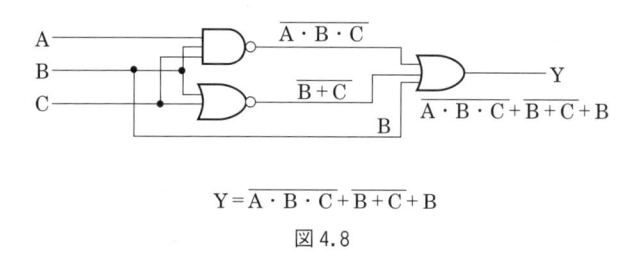

$$Y = \overline{A \cdot B \cdot C} + \overline{B + C} + B$$

図 4.8

❷ 組合せ回路の動作解析

組合せ回路の動作は，回路の入力から出力に向かって，内部節点の状態を論理式に表すことにより解析できる。

以下，組合せ回路の解析例を示す。

（例 1） 次の回路の動作を真理値表を使用して解析する。

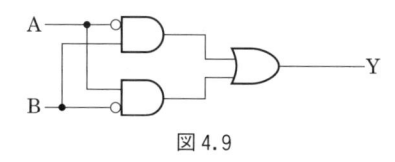

図 4.9

手順 1：回路の各節点に対して，論理式を求める。

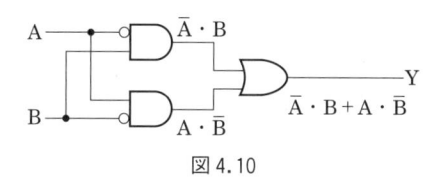

図 4.10

手順2：入力のすべての組合せに対する出力の結果を真理値表にまとめる。必要に応じて，内部節点の状態も表に記入する。

入力		内部節点		出力 Y
A	B	$\overline{A}\cdot B$	$A\cdot\overline{B}$	$\overline{A}\cdot B+A\cdot\overline{B}$
0	0	0	0	0
0	1	1	0	1
1	0	0	1	1
1	1	0	0	0

図 4.11

EXOR

（例2）　次の論理回路の出力 Y および内部節点 α をタイミングチャートに示す。

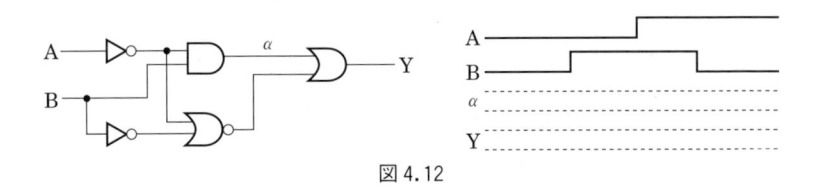

図 4.12

手順1：α，Y について論理式を求める。
$\alpha = \overline{A}\cdot B$, $Y = \overline{A}\cdot B + \overline{\overline{A}+\overline{B}}$

手順2：α，Y について真理値表を作成する。

表 4.2

入力		内部節点		出力 Y
A	B	$\alpha=\overline{A}\cdot B$	$\overline{\overline{A}+\overline{B}}$	$\overline{A}\cdot B+\overline{\overline{A}+\overline{B}}$
0	0	0	0	0
0	1	1	0	1
1	0	0	0	0
1	1	0	1	1

$\overline{\overline{A}+\overline{B}}=\overline{\overline{A}}\cdot\overline{\overline{B}}=A\cdot B$（ド・モルガンの定理より）

手順3：真理値表の結果をタイミングチャートに記入する。

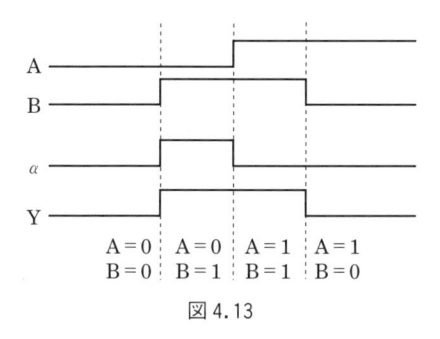

図 4.13

4.3 順序回路の特性と動作

順序回路では，入力の状態に対して一意的に出力状態が決定されることなく，回路内部に記憶されている状態も考慮され出力状態が決定される。

❶ ラッチ回路

ラッチ（latch）回路とは，データを保持（ラッチ）するための回路で，クロックに動作タイミングを支配されることのない非同期式の回路である。主なものに，**R・S**ラッチや**D**ラッチなどがある。

図記号	機能表	タイミングチャート例	動作
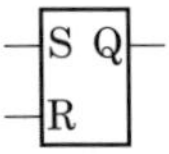 —S Q— —R	入力 出力 状態 S R Q 0 0 Q_0 保持 0 1 0 リセット 1 0 1 セット 1 1 ✕ 禁止	S ― R ― Q ―	入力S, Rの組合せによって,出力Qをセット(1に)リセット(0に)する。
—D Q— —G	入力 出力 G D Q 1 0 0 1 1 1 0 0/1 Q_0	D ― G ― Q ―	入力Gが1のときのみ,入力Dの状態を出力Qに伝える。

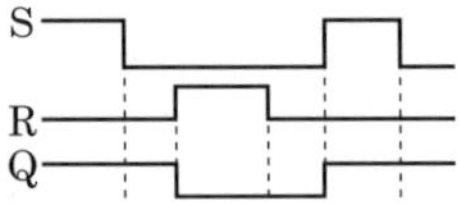

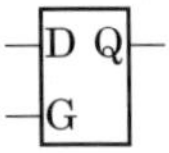

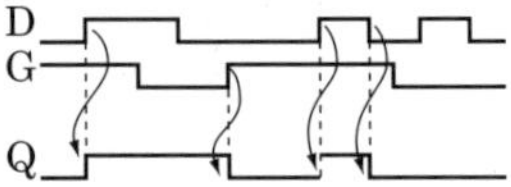

図4.14 R·Sラッチ,Dラッチ

❷ フリップフロップ

　フリップフロップ（**FF**：flip flop）は，クロック（clock）と呼ばれる制御入力をもち，クロックが変化した時点での入力信号を内部に取り込み，機能する。クロックが0から1へ変化することを，クロックが**立ち上がる**といい，クロックが1から0へ変化することを，クロックが**立ち下がる**という。クロックの立上がりで動作するフリップフロップを**ポジティブエッジトリガ**（positive edge trigger）型，クロックの立下がりで動作するフリップフロップを**ネガティブエッジトリガ**（negative edge trigger）型と呼ぶ。図4.15に主なフリップフロップを示す。

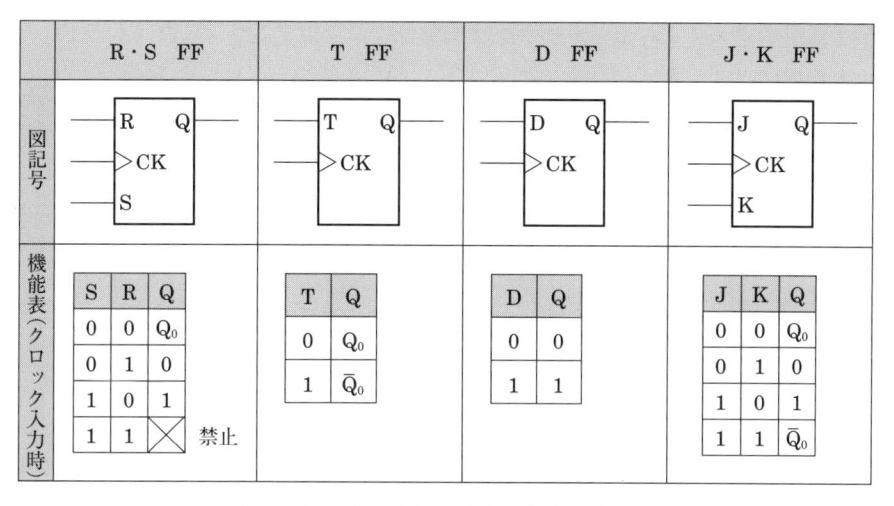

	R・S FF	T FF	D FF	J・K FF
図記号	─R Q─ ─▷CK ─S	─T Q─ ─▷CK	─D Q─ ─▷CK	─J Q─ ─▷CK ─K
機能表（クロック入力時）	S R Q 0 0 Q_0 0 1 0 1 0 1 1 1 ✕ 禁止	T Q 0 Q_0 1 $\overline{Q_0}$	D Q 0 0 1 1	J K Q 0 0 Q_0 0 1 0 1 0 1 1 1 $\overline{Q_0}$

Q_0……クロック CK が入力される前の状態を表す

図 4.15　主なフリップフロップ

(a) ネガティブエッジトリガ型 T FF

(b) ポジティブエッジトリガ型 D FF

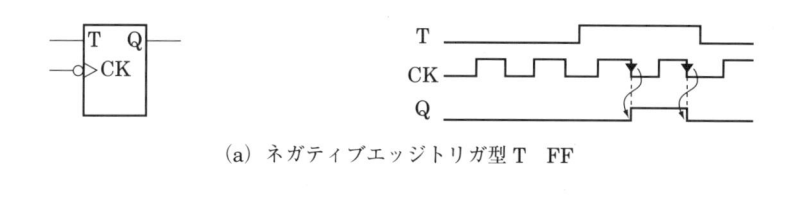

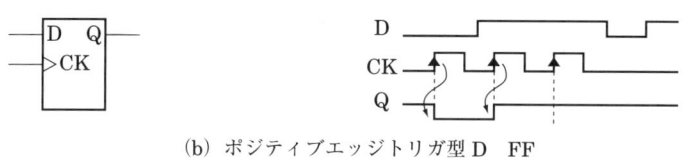

図 4.16　タイミングチャート例

❸ 順序回路の動作解析

　順序回路は状態を記憶できるラッチや FF を中心として構成される。順序回路の動作を解析するには，クロックの**変化点**（ポジティブエッジトリガ型は 0 か

4.3 順序回路の特性と動作　43

ら 1 に，ネガティブエッジトリガ型は 1 から 0 に変化する点）における各 FF の入力状態に注目する。

以下，順序回路の解析例を示す。

（例 1） 図 4.17 に示す回路は，**同期式 3 ビットバイナリカウンタ**（8 進カウンタ）と呼ばれる。初期出力を，$Q_0=0$, $Q_1=0$, $Q_2=0$ として，クロック ϕ を 10 回入力したときのタイミングチャートを作成する。

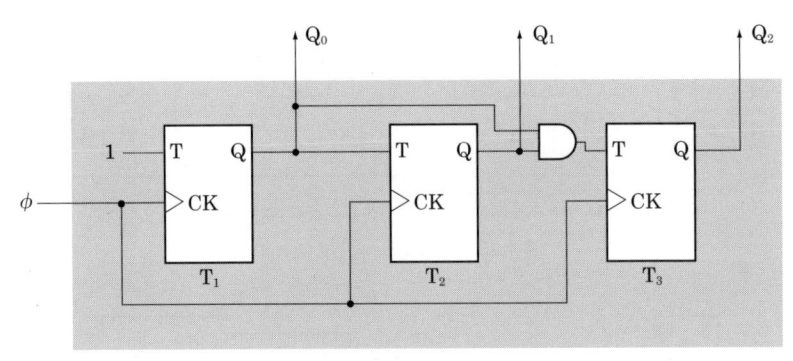

図 4.17 同期式 3 ビットバイナリカウンタ

＜考え方＞

① T_1 の T 入力は 1 に固定されているので，クロック ϕ が立ち上がるたびに出力 Q_0 は反転する。

② T_2 の T 入力は Q_0 なので，Q_0 が 1 のときにクロック ϕ が立ち上がると出力 Q_1 は反転する。

③ T_3 の T 入力は Q_0 と Q_1 の AND となっているので $Q_0=1$, $Q_1=1$ のときにクロック ϕ が立ち上がると出力 Q_2 は反転する。これらのことより図 4.18 のタイミングチャートを作成する。

図4.18

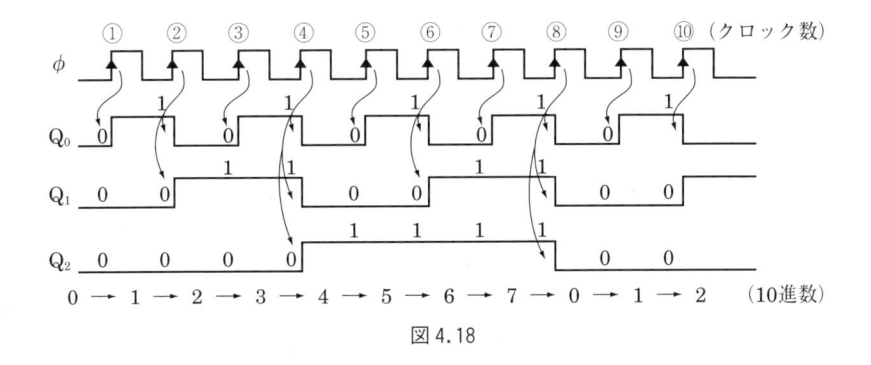

(例2) 図4.19に示す回路は**2ビットアップ／ダウンカウンタ**と呼ばれ，入力信号U/Dによってカウントアップとカウントダウンを切り換えることができる。

タイミングチャートを作成し，動作を確認する。

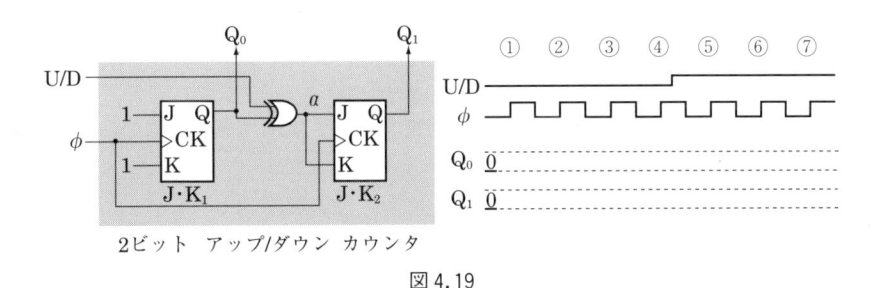

図4.19

<考え方>

① $J \cdot K_1$ の入力は，J=1，K=1に固定されているので，T FFとして動作（ϕ が立ち上がるたびに反転）する。

② EX・ORの出力を a とすると，$J \cdot K_2$ の入力は $J=a$，$K=a$ となる。

③ a は，U/Dと Q_0 の状態が異なるときのみ1になり，このとき ϕ が立ち上がれば，Q_1 は反転する。

図 4.20

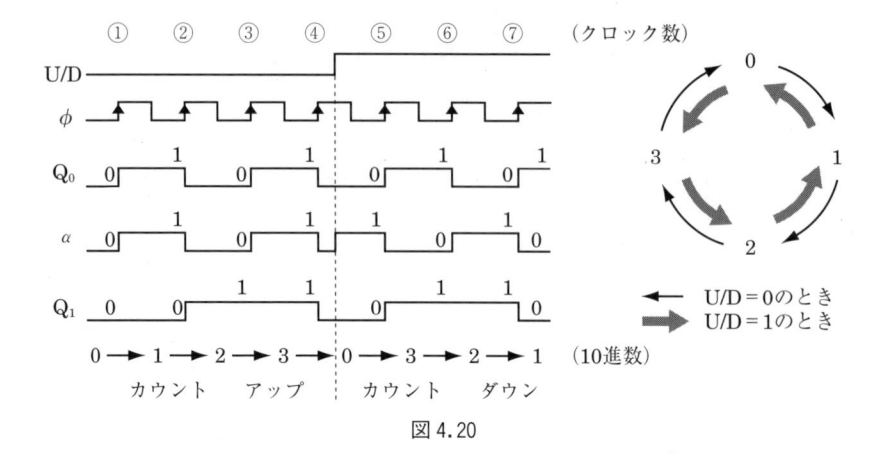

● 演習問題 ●

[1] $A \cdot B + A \cdot \overline{B} = A$ になることを真理値表を使用して証明せよ。

[2] ド・モルガンの定理を使用して，次の論理式を簡単にせよ。
① $\overline{A \cdot B \cdot C} + \overline{C}$ ，② $\overline{\overline{A} + \overline{B \cdot C}}$ ，③ $\overline{\overline{A} \cdot \overline{\overline{A} + B + C}}$

[3] ド・モルガンの定理を使用して，次の回路を OR と NOR を使用しない回路に変換せよ。

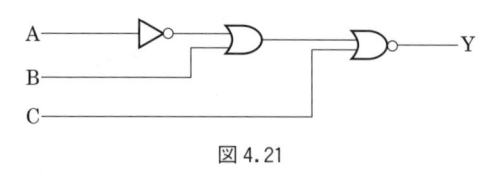

図 4.21

[4] J・K フリップフロップを用いた次の (a)〜(b) の回路は，それぞれ何のフリップフロップとして機能するかを答えよ。

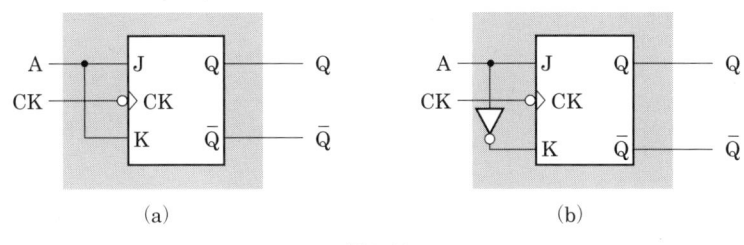

(a)　　　　　　　　　　　　　(b)

図 4.22

[5] 図 (a)，(b) に示すネガティブエッジトリガ型 T フリップフロップを用いた回路に対して，タイミングチャートを完成せよ。

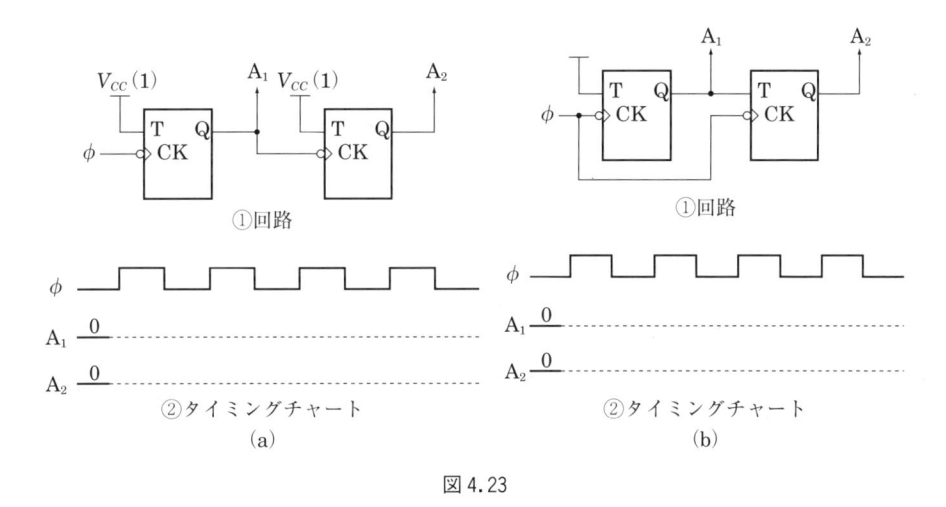

①回路　　　　　　　　　　　　①回路

②タイミングチャート　　　　　②タイミングチャート
　　(a)　　　　　　　　　　　　　(b)

図 4.23

[6] ネガティブエッジトリガ型とポジティブエッジトリガ型の違いについて説明せよ。
[7] 非同期式順序回路と同期式順序回路について，利点と欠点を比較せよ。

第5章 論理回路の簡単化

同一の論理であっても，それを実現する論理回路は無数存在する。ときに，その冗長さから，回路のコストを増加し，性能の低下を招くことになる。本章ではブール代数やカルノー図を用いた組合せ回路の簡単化について解説する。

5.1 標準形による表現

❶ 最小項と最大項

論理を表現するにあたり，すべての変数を論理積で示すものを**最小項**と呼び，すべての変数を論理和で示すものを**最大項**と呼ぶ。

3変数A，B，Cにおけるすべての最小項を図5.1に，最大項を図5.2に示す。

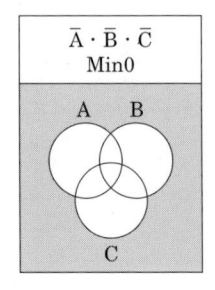

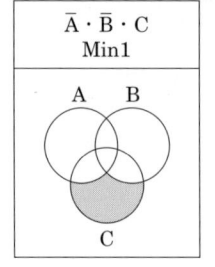

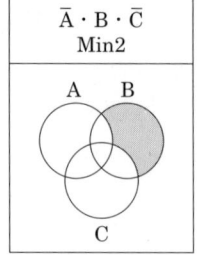

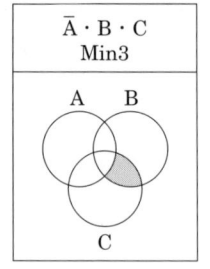

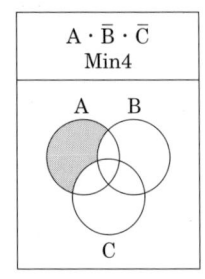

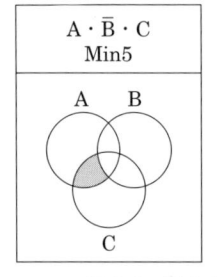

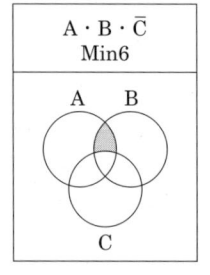

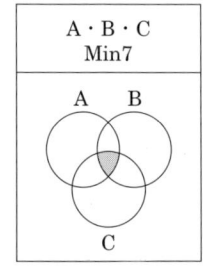

図 5.1 最小項（3 変数の場合）

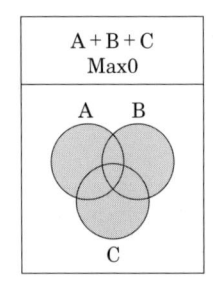

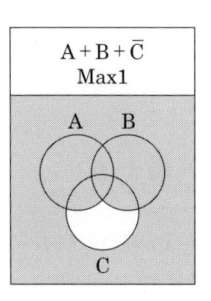

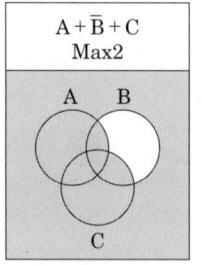

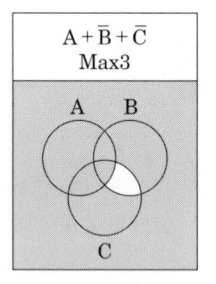

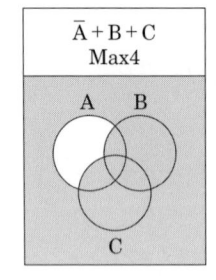

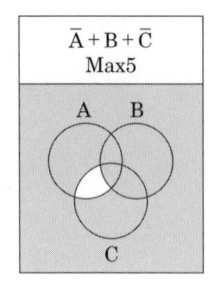

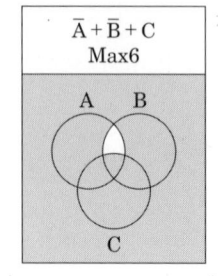

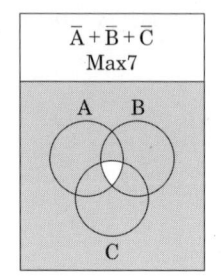

図 5.2 最大項（3 変数の場合）

50　第 5 章 論理回路の簡単化

図 5.1 および図 5.2 のベン図の上部に示すように，最小項は Min i，最大項は Max i の形で表す。

最小項の場合，i の値は，各変数において真を 1，偽を 0 とした 2 進数を考え，10 進数に変換した値で示す。例えば，最小項 $\bar{A} \cdot B \cdot C$ における i の値は，$(011)_2 = 3$ となる。したがって $\bar{A} \cdot B \cdot C$ は Min 3 と表される。

最大項の場合は，真を 0，偽を 1 とし，最小項の場合と同様に考える。

例えば，最大値 $A + B + \bar{C}$ は，真を 0，偽を 1 として，$i = A + B + \bar{C} = (001)_2 = 1$，すなわち Max 1 と表される。

（例） 最小項 $Y = \bar{A} \cdot B \cdot C$ を Min の形で表す。

最小項の場合，真を 1，偽を 0 として i の値を求めるので，
$$i = \bar{A} \cdot B \cdot C = (011)_2 = 3$$
∴ $Y = \text{Min } 3$

（例） 最大項 $Y = A + \bar{B} + C + \bar{D}$ を Max の形で表す。

最大項の場合，真を 0，偽を 1 として i の値を求めるので，
$$i = A + \bar{B} + C + \bar{D} = (0101)_2 = 5$$
∴ $Y = \text{Max } 5$

最小項と最大項の間には，次の関係がある。

$$\text{Min } \alpha + \text{Max } \alpha = 1$$
$$\text{Min } \alpha \cdot \text{Max } \alpha = 0$$

最小項と最大項は否定の関係にある（図 5.1，図 5.2 参照）。

（例） ド・モルガンの定理を用いて，Min 6 + Max 6 = 1 を証明する。

$$\text{Min } 6 = A \cdot B \cdot \bar{C}, \quad \text{Max } 6 = \bar{A} + \bar{B} + C$$

ド・モルガンの定理より，$\text{Max } 6 = \bar{A} + \bar{B} + C = \overline{A \cdot B \cdot \bar{C}}$

$\text{Min } 6 = A \cdot B \cdot \bar{C}$ なので，$\text{Max } 6 = \overline{\text{Min } 6}$

∴ $\text{Min } 6 + \text{Max } 6 = \text{Min } 6 + \overline{\text{Min } 6} = 1 \quad (A + \bar{A} = 1 \text{ より})$

❷ 加法標準形と乗法標準形

組合せ回路の論理を表現する方法に，**加法標準形**と**乗法標準形**がある。加法標準形は**標準積和形**とも呼ばれ，最小項の論理和で示され，乗法標準形は**標準和積形**とも呼ばれ，最大項の論理積で示される。

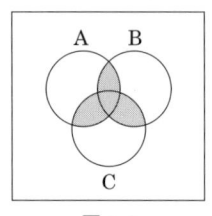

図 5.3

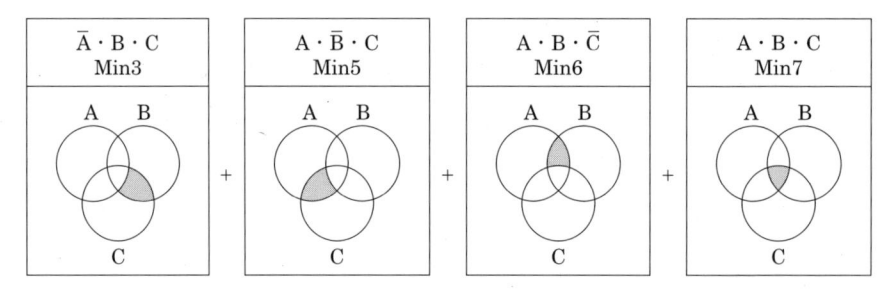

(a) ベン図

$$Y = Min3 + Min5 + Min6 + Min7$$
$$= \bar{A} \cdot B \cdot C + A \cdot \bar{B} \cdot C + A \cdot B \cdot \bar{C} + A \cdot B \cdot C$$

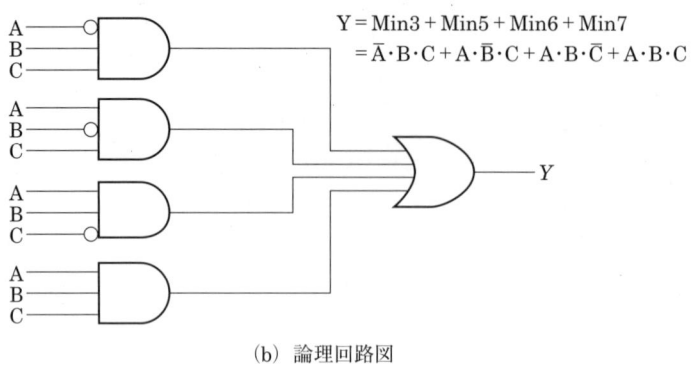

(b) 論理回路図

図 5.4 加法標準形

図 5.3 において，ベン図の■（真）の部分を加法標準形で表すと，図 5.4（a）のように考えて，Y＝Min 3＋Min 5＋Min 6＋Min 7 となる（図 5.4（b））。

図 5.3 を乗法標準形で表すと，図 5.5（a）のように考えて，Y＝Max 0・Max 1・Max 2・Max 4 となる（図 5.5（b））。

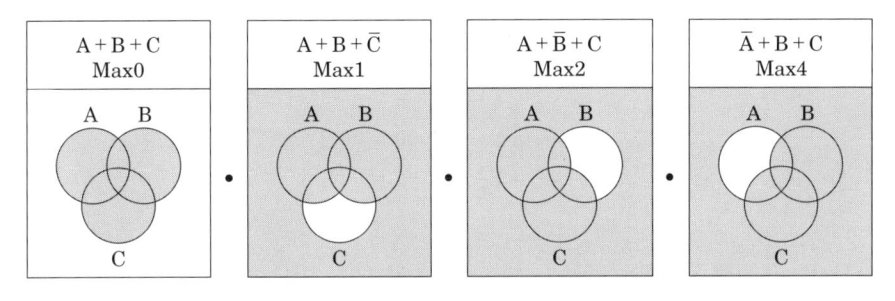

| A＋B＋C
Max0 | A＋B＋$\overline{C}$
Max1 | A＋$\overline{B}$＋C
Max2 | $\overline{A}$＋B＋C
Max4 |

(a) ベン図

$$Y = \text{Max0} \cdot \text{Max1} \cdot \text{Max2} \cdot \text{Max4}$$
$$= (A+B+C) \cdot (A+B+\overline{C}) \cdot (A+\overline{B}+C) \cdot (\overline{A}+B+C)$$

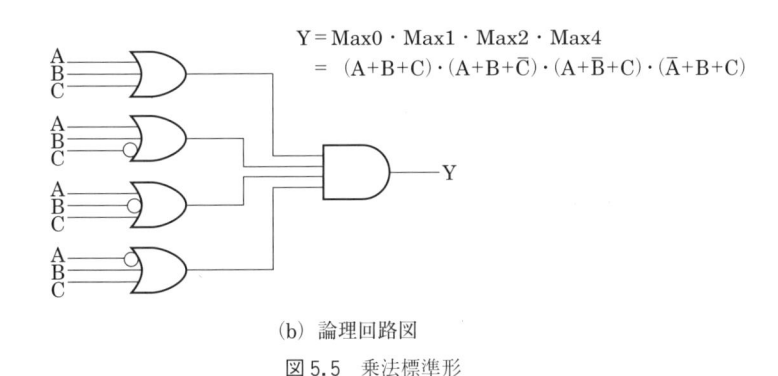

(b) 論理回路図

図 5.5　乗法標準形

❸ 真理値表から標準形を求める

真理値表から加法標準形や乗法標準形を求める方法を，表 5.1 を例に解説する。

真理値表において，出力 1 の項は加法標準形の最小項を示している。このことより，以下の手順に従って，真理値表から加法標準形を求めることができる。

手順 1：出力が 1 の部分の各入力変数について，最小項を求める。例えば，A

5.1 標準形による表現

表 5.1

A	B	C	Y
0	0	0	1
0	0	1	1
0	1	0	1
0	1	1	0
1	0	0	0
1	0	1	1
1	1	0	0
1	1	1	0

=1，B=0，C=1 の部分の最小項は，$i = \text{A} \cdot \overline{\text{B}} \cdot \text{C} = (101)_2 = 5$ すなわち Min 5 となる。

このようにして，最小項 Min 0，Min 1，Min 2，Min 5 を求める。

表 5.2

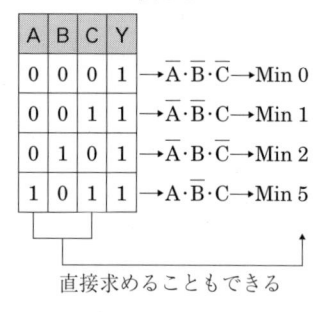

A	B	C	Y		
0	0	0	1	→$\overline{\text{A}} \cdot \overline{\text{B}} \cdot \overline{\text{C}}$→	Min 0
0	0	1	1	→$\overline{\text{A}} \cdot \overline{\text{B}} \cdot \text{C}$→	Min 1
0	1	0	1	→$\overline{\text{A}} \cdot \text{B} \cdot \overline{\text{C}}$→	Min 2
1	0	1	1	→$\text{A} \cdot \overline{\text{B}} \cdot \text{C}$→	Min 5

直接求めることもできる

手順 2：得られた最小項の論理和が加法標準形となる。

$$Y = \text{Min 0} + \text{Min 1} + \text{Min 2} + \text{Min 5}$$
$$= \overline{\text{A}} \cdot \overline{\text{B}} \cdot \overline{\text{C}} + \overline{\text{A}} \cdot \overline{\text{B}} \cdot \text{C} + \overline{\text{A}} \cdot \text{B} \cdot \overline{\text{C}} + \text{A} \cdot \overline{\text{B}} \cdot \text{C}$$

次に表 5.1 の真理値表から乗法標準形を求める。最小項を示す真理値の各項を最大項に読み換える必要がある。

例えば，表 5.1 において，入力変数が A：0，B：1，C：1 で出力 Y=0 の場合

図5.6

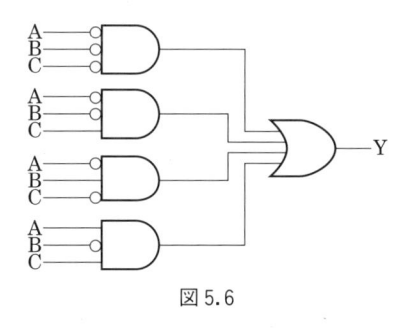

は，論理式は，$\overline{A}\cdot B\cdot C=0$ を示している。これは，ド・モルガンの定理より，$\overline{A+\overline{B}+\overline{C}}=0$ となる。すなわち，$A+\overline{B}+\overline{C}=\text{Max}(011)_2=\text{Max}\,3=1$ を示す。このことより，以下の手順に従って，真理値表から乗法標準形を求めることができる。

手順1：出力が0の部分の各入力変数について，最大項を求める。例えばA=1，B=1，C=0の部分の最大項は $\text{Max}(110)_2=\text{Max}\,6$

このようにして，出力が0の部分について，最大項 Max 3, Max 4, Max 6, Max 7 を求める。

表5.3

A	B	C	Y		
0	1	1	0	→$A+\overline{B}+\overline{C}$→	Max 3
1	0	0	0	→$\overline{A}+B+C$→	Max 4
1	1	0	0	→$\overline{A}+\overline{B}+C$→	Max 6
1	1	1	0	→$\overline{A}+\overline{B}+\overline{C}$→	Max 7

直接求めることもできる

手順2：得られた最大項の論理積が乗法標準形となる。

$$Y=\text{Max}\,3\cdot\text{Max}\,4\cdot\text{Max}\,6\cdot\text{Max}\,7=(A+\overline{B}+\overline{C})\cdot(\overline{A}+B+C)\cdot(\overline{A}+\overline{B}+C)\cdot(\overline{A}+\overline{B}+\overline{C})$$

5.1 標準形による表現

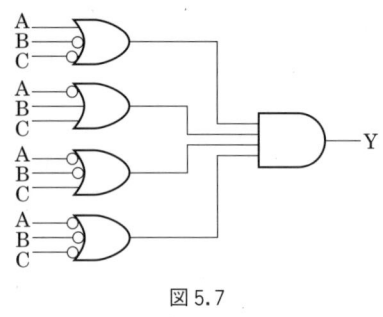

図 5.7

❹ 加法標準形と乗法標準形の変換

図 5.3 のベン図は

　　　加法標準形では，Y＝Min 3＋Min 5＋Min 6＋Min 7

　　　乗法標準形では，Y＝Max 0・Max 1・Max 2・Max 4

また，表 5.1 の真理値表は，

　　　加法標準形では，Y＝Min 0＋Min 1＋Min 2＋Min 5

　　　乗法標準形では，Y＝Max 3・Max 4・Max 6・Max 7

このように，加法標準形と乗法標準形の間には，次の関係がある。

加法標準形と乗法標準形が同一の論理を表すとき，それぞれの Min i，Max i は，取り得ることのできるすべての i を重複せずに含む。

図 5.3 の場合を以下に示す。

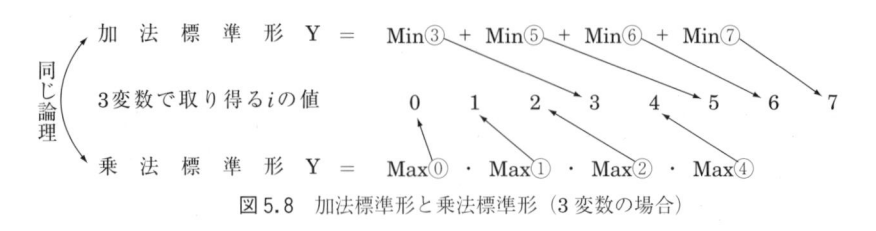

```
加法標準形 Y =   Min③ + Min⑤ + Min⑥ + Min⑦
3変数で取り得るiの値   0   1   2   3   4   5   6   7
乗法標準形 Y =   Max⓪ · Max① · Max② · Max④
```

図 5.8 加法標準形と乗法標準形（3 変数の場合）

この関係を用いて，加法標準形と乗法標準形の変換を行うことができる。

（例）　3 入力 1 出力の回路で，入力の 2 変数のみが 0 になったとき出力が 1 にな

る回路を,加法標準形と乗法標準形で示す。

例えば,入力を A, B, C 出力を Y として真理値表を作成する。

表5.4

i	A	B	C	Y
0	0	0	0	0
1	0	0	1	1
2	0	1	0	1
3	0	1	1	0
4	1	0	0	1
5	1	0	1	0
6	1	1	0	0
7	1	1	1	0

真理値表より,出力 1 に注目して加法標準形を,出力 0 に注目して乗法標準形を求める。

加法標準形　$Y = \text{Min } 1 + \text{Min } 2 + \text{Min } 4$
$= \overline{A} \cdot \overline{B} \cdot C + \overline{A} \cdot B \cdot \overline{C} + A \cdot \overline{B} \cdot \overline{C}$

乗法標準形　$Y = \text{Max } 0 \cdot \text{Max } 3 \cdot \text{Max } 5 \cdot \text{Max } 6 \cdot \text{Max } 7$
$= (A+B+C) \cdot (A+\overline{B}+\overline{C}) \cdot (\overline{A}+B+\overline{C}) \cdot (\overline{A}+\overline{B}+C) \cdot (\overline{A}+\overline{B}+\overline{C})$

(a) 加法標準形による回路　　　(b) 乗法標準形による回路

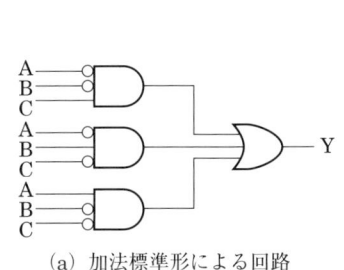

図5.9

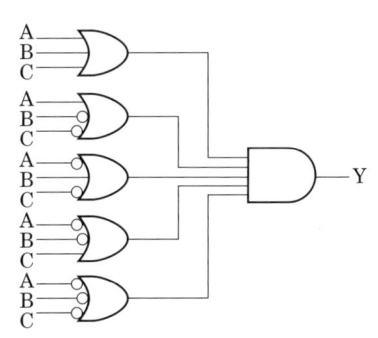

5.1 標準形による表現

5.2 組合せ回路の簡単化

❶ ブール代数による簡単化

表 5.5 に簡単化によく用いられるブール代数の法則を示す。表の左側と右側を比較してわかるように，これらの法則には，双対性（・と＋，0 と 1 を入れ換えても式が成り立つ性質）がある。

表 5.5　よく使用されるブール代数の法則

交 換 則	$a \cdot b = b \cdot a$	$a + b = b + a$
分 配 則	$a \cdot (b+c) = (a \cdot b) + (a \cdot c)$	$a + (b \cdot c) = (a+b) \cdot (a+c)$
吸 収 則	$a \cdot (a+b) = a$	$a + (a \cdot b) = a$
結 合 則	$(a \cdot b) \cdot c = a \cdot (b \cdot c)$	$(a+b) + c = a + (b+c)$
ド・モルガンの定理	$\overline{a \cdot b} = \overline{a} + \overline{b}$	$\overline{a+b} = \overline{a} \cdot \overline{b}$
最小化定理	$(a \cdot b) + (a \cdot \overline{b}) = a$	$(a+b) \cdot (a+\overline{b}) = a$

（例）　$Y = \overline{A} \cdot B \cdot C + A \cdot \overline{B} \cdot \overline{C} + A \cdot B \cdot \overline{C}$ を簡単化する。

$A \cdot \overline{C}$ を a，B を b と置き，最小化定理 $(a \cdot b) + (a \cdot \overline{b}) = a$ より

$Y = \overline{A} \cdot B \cdot C + A \cdot \overline{C}$ と簡単化される。

（例）　$Y = A \cdot C + A \cdot B \cdot C$ を簡単化する。

$A \cdot C$ を a，B を b と置き，吸収則 $a + (a \cdot b) = a$ を使用し，$(A \cdot C) + (A \cdot C) \cdot B = A \cdot C$ となる。

$Y = A \cdot C$ と簡単化される。

5.3 カルノー図による表現

❶ 加法標準形

カルノー図はベン図の変形であり，入力変数が 4 変数までの論理を簡単化す

るのに有効な手法である。

2変数の場合のカルノー図を図5.10に示す。

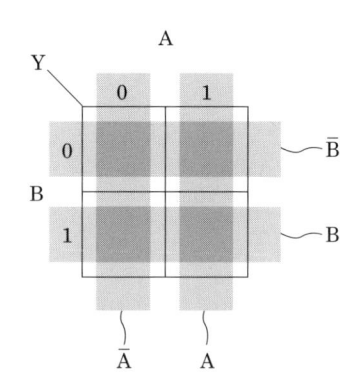

図5.10 2変数の場合のカルノー図（加法標準形）

Aの0の列は$\overline{A}$を，Aの1の列はAを示し，Bの0の行は$\overline{B}$を，Bの1の行はBを示す。

例えば，Y＝A・$\overline{B}$をカルノー図で表すと，Aと$\overline{B}$の交わりに1を，1以外の箇所には，0を記入する。（図5.11）

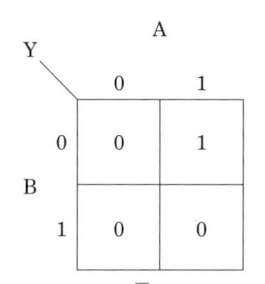

図5.11　Y＝A・$\overline{B}$のカルノー図

2変数A，Bによるすべての加法標準形のカルノー図を図5.12に示す。

3変数の場合は，図5.13に示すカルノー図を用いる。隣接する行（列）にお

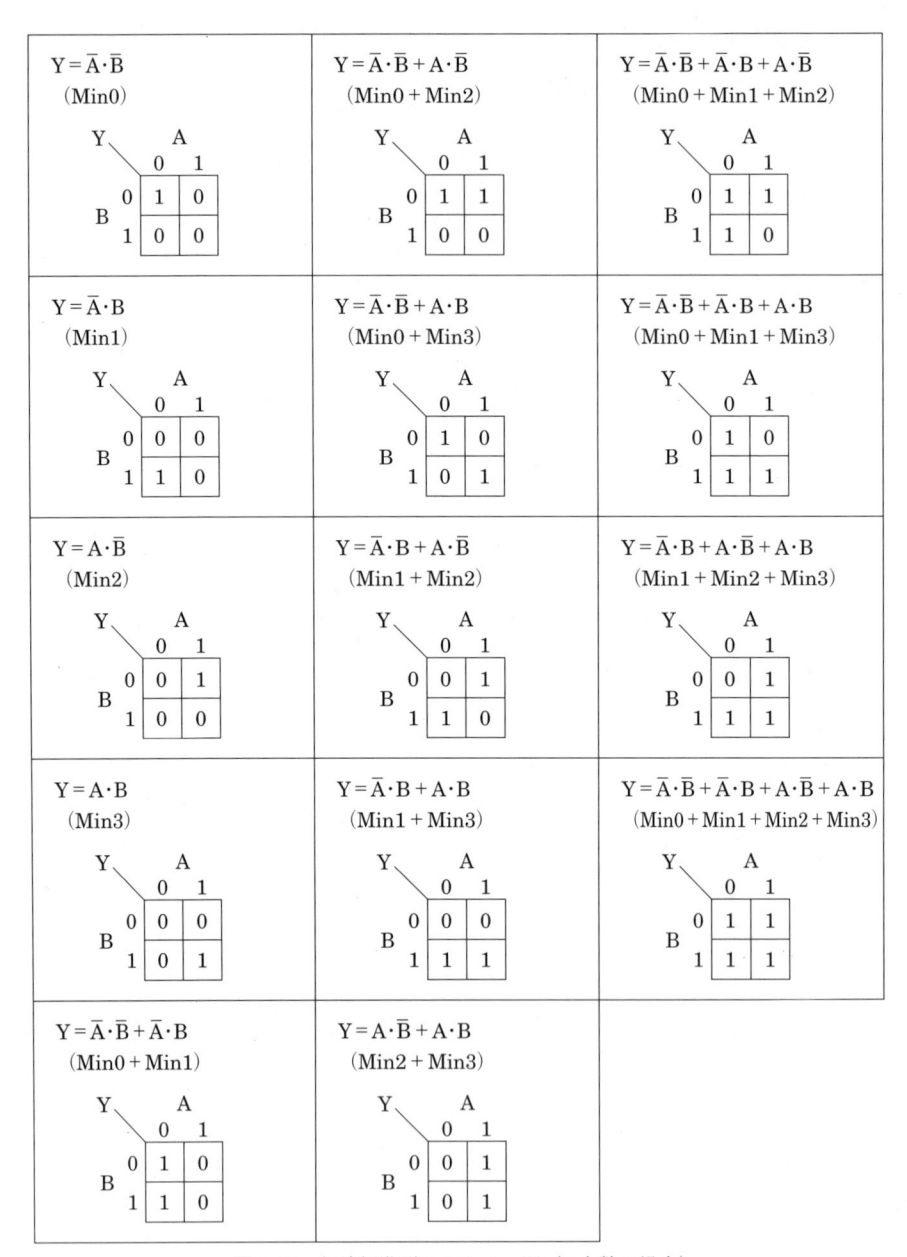

$Y = \bar{A} \cdot \bar{B}$ (Min0) | Y\A	0	1
B 0	1	0
B 1	0	0		$Y = \bar{A} \cdot \bar{B} + A \cdot \bar{B}$ (Min0 + Min2) | Y\A	0	1
B 0	1	1
B 1	0	0		$Y = \bar{A} \cdot \bar{B} + \bar{A} \cdot B + A \cdot \bar{B}$ (Min0 + Min1 + Min2) | Y\A	0	1
B 0	1	1
B 1	1	0	
$Y = \bar{A} \cdot B$ (Min1) | Y\A	0	1
B 0	0	0
B 1	1	0		$Y = \bar{A} \cdot \bar{B} + A \cdot B$ (Min0 + Min3) | Y\A	0	1
B 0	1	0
B 1	0	1		$Y = \bar{A} \cdot \bar{B} + \bar{A} \cdot B + A \cdot B$ (Min0 + Min1 + Min3) | Y\A	0	1
B 0	1	0
B 1	1	1	
$Y = A \cdot \bar{B}$ (Min2) | Y\A	0	1
B 0	0	1
B 1	0	0		$Y = \bar{A} \cdot B + A \cdot \bar{B}$ (Min1 + Min2) | Y\A	0	1
B 0	0	1
B 1	1	0		$Y = \bar{A} \cdot B + A \cdot \bar{B} + A \cdot B$ (Min1 + Min2 + Min3) | Y\A	0	1
B 0	0	1
B 1	1	1	
$Y = A \cdot B$ (Min3) | Y\A	0	1
B 0	0	0
B 1	0	1		$Y = \bar{A} \cdot B + A \cdot B$ (Min1 + Min3) | Y\A	0	1
B 0	0	0
B 1	1	1		$Y = \bar{A} \cdot \bar{B} + \bar{A} \cdot B + A \cdot \bar{B} + A \cdot B$ (Min0 + Min1 + Min2 + Min3) | Y\A	0	1
B 0	1	1
B 1	1	1	
$Y = \bar{A} \cdot \bar{B} + \bar{A} \cdot B$ (Min0 + Min1) | Y\A	0	1
B 0	1	0
B 1	1	0		$Y = A \cdot \bar{B} + A \cdot B$ (Min2 + Min3) | Y\A	0	1
B 0	0	1
B 1	0	1		

図 5.12 加法標準形のカルノー図（2 変数の場合）

いて，2変数が同時に変化する並び方を避けて表記する。

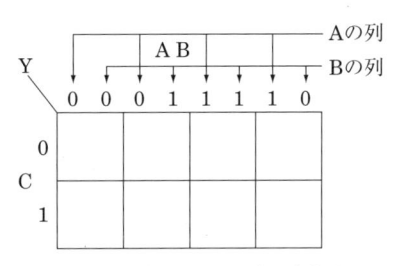

```
         A B      Aの列
Y       ┌─┐       Bの列
   0  0  0  1  1  1  1  0
 0 ┌──┬──┬──┬──┐
 C │  │  │  │  │
 1 ├──┼──┼──┼──┤
   │  │  │  │  │
   └──┴──┴──┴──┘
```

＊AB列は00→01→11→10とAまたはBの
1変数のみ変化する。

図5.13　3変数の場合のカルノー図

例えば，3変数 $Y = \overline{A} \cdot B \cdot C + A \cdot \overline{B} \cdot C + A \cdot B \cdot C$ は，図5.14で示される。

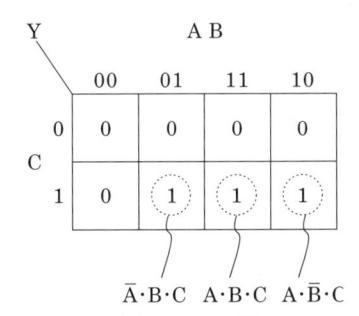

```
Y         A B
        00  01  11  10
     0 ┌──┬──┬──┬──┐
       │ 0│ 0│ 0│ 0│
   C   ├──┼──┼──┼──┤
     1 │ 0│(1)│(1)│(1)│
       └──┴──┴──┴──┘
          │   │   │
       Ā·B·C A·B·C A·B̄·C
```

図5.14　$Y = \overline{A} \cdot B \cdot C + A \cdot \overline{B} \cdot C + A \cdot B \cdot C$

4変数の場合は，図5.15に示すカルノー図を用いる。

例えば，$Y = \overline{A} \cdot B \cdot C \cdot D + A \cdot \overline{B} \cdot \overline{C} \cdot D + A \cdot B \cdot \overline{C} \cdot \overline{D} + A \cdot B \cdot \overline{C} \cdot D + A \cdot B \cdot C \cdot D$ は図5.16で示される。

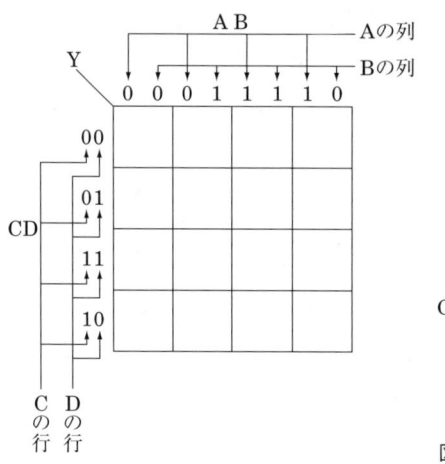

図 5.15　4 変数の場合のカルノー図

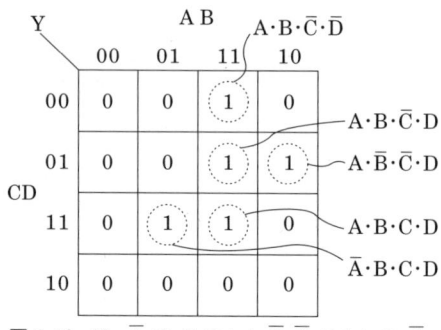

図 5.16　$Y = \overline{A} \cdot B \cdot C \cdot D + A \cdot \overline{B} \cdot \overline{C} \cdot D + A \cdot B \cdot \overline{C} \cdot D + A \cdot B \cdot C \cdot D$

❷ 加法標準形以外の積和形の式をカルノー図で表現する

（例）　$Y = \overline{A} \cdot B \cdot C + A \cdot \overline{B} \cdot \overline{C} + A$ の場合，

① $\overline{A} \cdot B \cdot C$ と $A \cdot \overline{B} \cdot \overline{C}$ の項に 1 を記入する。

② A の部分は，カルノー図の A=1 の列をすべて含むので，AB の列の 11 と 10 の列に 1 として表される。

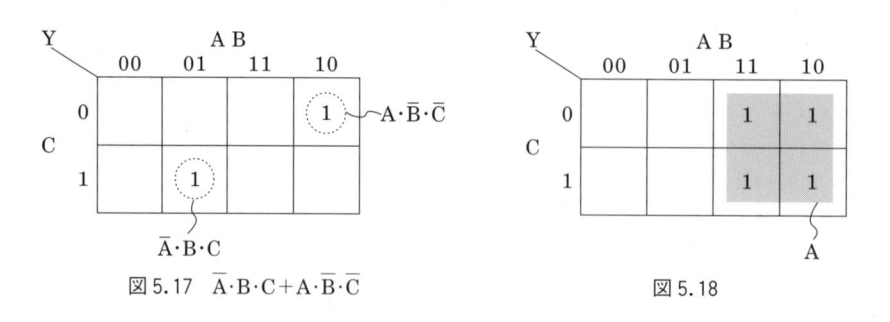

図 5.17　$\overline{A} \cdot B \cdot C + A \cdot \overline{B} \cdot \overline{C}$

図 5.18

③ したがって，$Y = \overline{A} \cdot B \cdot C + A \cdot \overline{B} \cdot \overline{C} + A$ は，図 5.17 と図 5.18 を合成して，図 5.19 で示される。

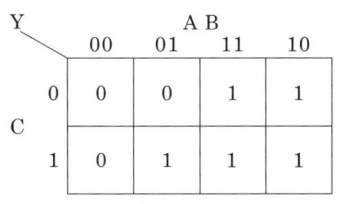

```
     Y\    A B
          00  01  11  10
        ┌────┬────┬────┬────┐
      0 │ 0  │ 0  │ 1  │ 1  │
    C   ├────┼────┼────┼────┤
      1 │ 0  │ 1  │ 1  │ 1  │
        └────┴────┴────┴────┘
```

図5.19　$Y=\bar{A}\cdot B\cdot C+A\cdot\bar{B}\cdot\bar{C}+A$

❸ 乗法標準形

乗法標準形は最大項の論理積で表されているので，0に注目してカルノー図を作成し，目的の論理の部分に0を記入し，0以外の部分に1を記入する。例えば，$Y=A+\bar{B}$ は $A=0$，$B=1$，$Y=0$ として，図5.20（b）に示される。

表5.6　最小項と最大項の論理

	論　　理	
	最 小 項	最 大 項
A	1	0
$\bar{A}$	0	1

(a)　(b)

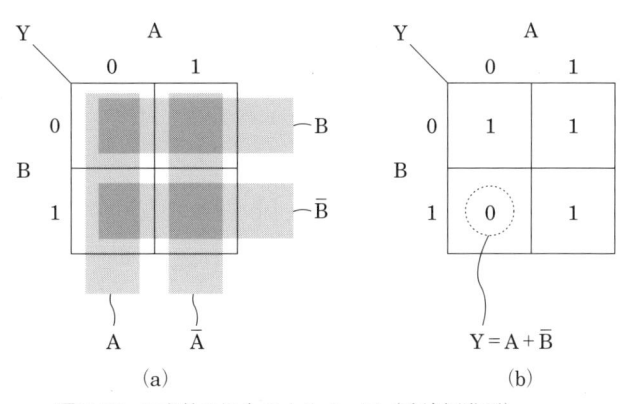

図5.20　2変数の場合のカルノー図（乗法標準形）

2変数A, Bによるすべての乗法標準形のカルノー図を図5.21に示す。
3変数，4変数の場合も同様に，カルノー図を作成することができる。

5.3 カルノー図による表現

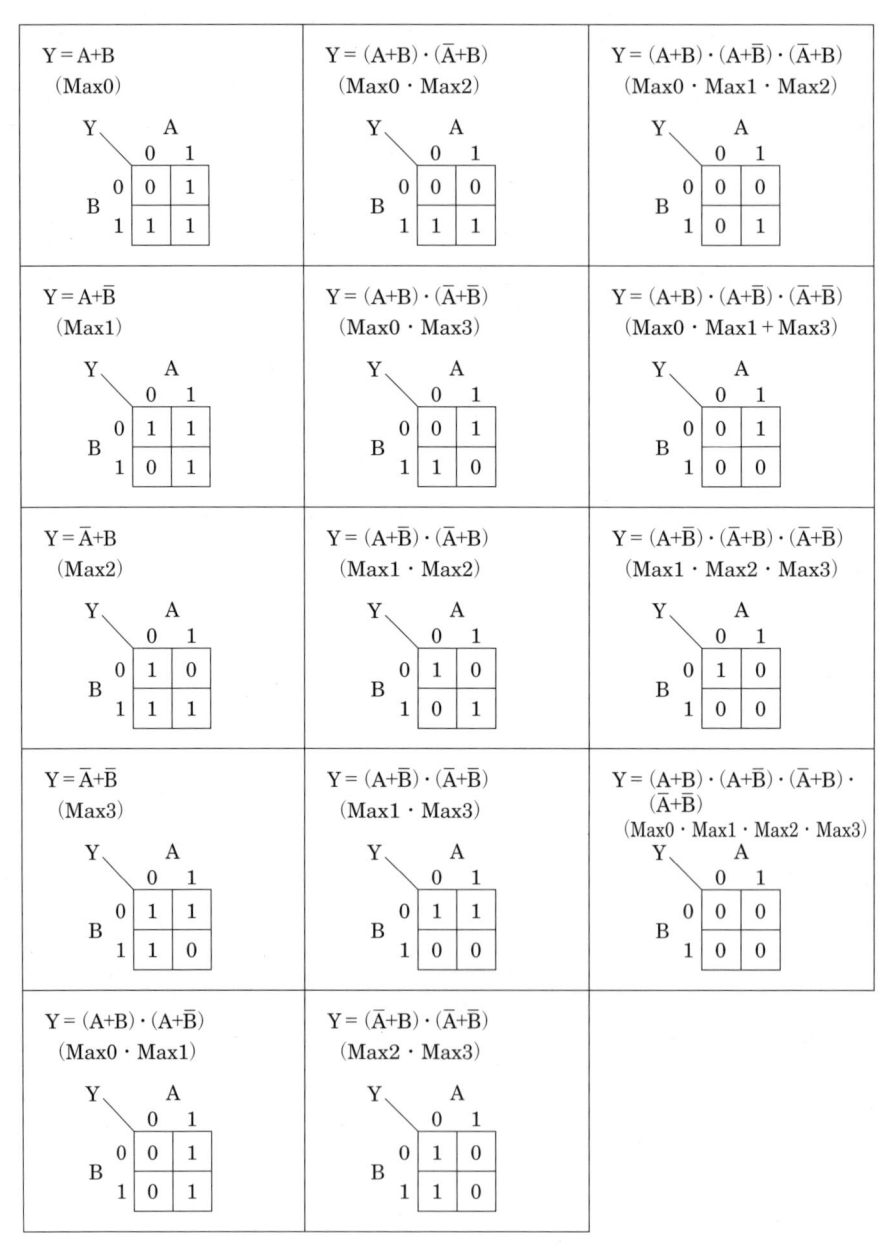

$Y = A+B$ (Max0)	$Y = (A+B)\cdot(\bar{A}+B)$ (Max0・Max2)	$Y = (A+B)\cdot(A+\bar{B})\cdot(\bar{A}+B)$ (Max0・Max1・Max2)
$Y = A+\bar{B}$ (Max1)	$Y = (A+B)\cdot(\bar{A}+\bar{B})$ (Max0・Max3)	$Y = (A+B)\cdot(A+\bar{B})\cdot(\bar{A}+\bar{B})$ (Max0・Max1+Max3)
$Y = \bar{A}+B$ (Max2)	$Y = (A+\bar{B})\cdot(\bar{A}+B)$ (Max1・Max2)	$Y = (A+\bar{B})\cdot(\bar{A}+B)\cdot(\bar{A}+\bar{B})$ (Max1・Max2・Max3)
$Y = \bar{A}+\bar{B}$ (Max3)	$Y = (A+\bar{B})\cdot(\bar{A}+\bar{B})$ (Max1・Max3)	$Y = (A+B)\cdot(A+\bar{B})\cdot(\bar{A}+B)\cdot(\bar{A}+\bar{B})$ (Max0・Max1・Max2・Max3)
$Y = (A+B)\cdot(A+\bar{B})$ (Max0・Max1)	$Y = (\bar{A}+B)\cdot(\bar{A}+\bar{B})$ (Max2・Max3)	

図 5.21 乗法標準形のカルノー図（2 変数の場合）

❹ 乗法標準形以外の和積形

乗法標準形以外の和積形の例として，$Y=(\overline{A}+B+C)\cdot(A+B+C)\cdot A$ を図 5.22 に示す。考え方は，加法標準形以外の積和形と同様である。

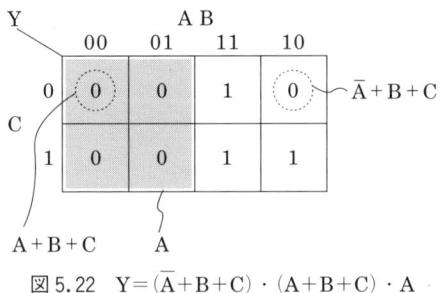

図 5.22　$Y=(\overline{A}+B+C)\cdot(A+B+C)\cdot A$

（例）　$Y=(A+\overline{B}+C+D)\cdot(\overline{A}+B+C)\cdot(A+\overline{B})\cdot A$ をカルノー図で表す。

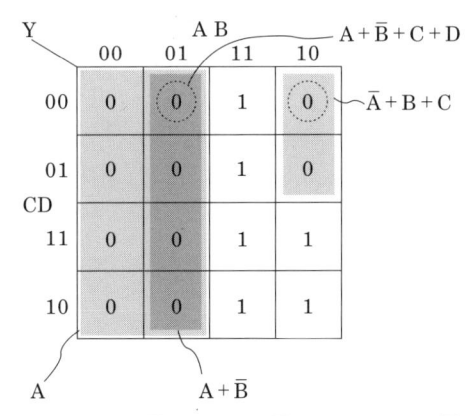

図 5.23　$Y=(A+\overline{B}+C+D)\cdot(\overline{A}+B+C)\cdot(A+\overline{B})\cdot A$

5.4 カルノー図による簡単化

❶ 加法標準形の簡単化

(例) 加法標準形 $Y=\overline{A}\cdot\overline{B}\cdot\overline{C}+\overline{A}\cdot\overline{B}\cdot C+A\cdot\overline{B}\cdot\overline{C}+A\cdot\overline{B}\cdot C+A\cdot B\cdot\overline{C}+A\cdot B\cdot C$ を簡単化する。

手順1：カルノー図で表現する（図5.24）。

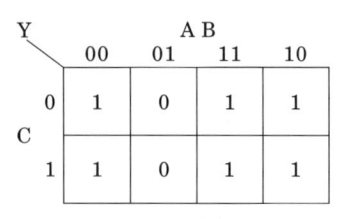

Y\\	AB 00	01	11	10
C 0	1	0	1	1
1	1	0	1	1

図5.24　手順1

手順2：カルノー図上で1の個数が2のn乗になる長方形または正方形を探し，線で囲む（**ルーピング**という）。このときループは重なってもかまわない。

囲むことのできる1の個数が多いループの順に囲み，最小のループ数ですべての1を囲むようにする。図5.25に示すように，カルノー図の上下および左右の端は，それぞれつながっていると考える。

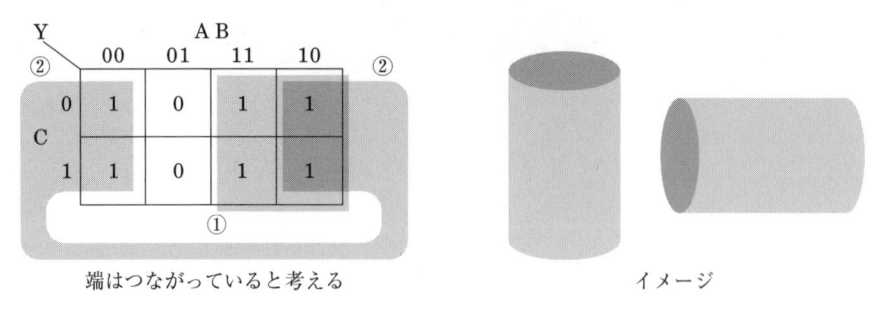

図5.25　手順2

手順3：それぞれのループを論理式で表す。

ループ①を図5.26に示す。各変数による行，列に注目すると，Aの1の行，Bの0と1の行，Cの0と1の列でループが構成されている。0と1の両方を含む行および列（この場合はBの行とCの列）は，最小化定理より無視できるので，A＝1の行のみが要素となる。最小項の場合は1を真と考えるので，ループ①はAを表す。（図5.27参照）

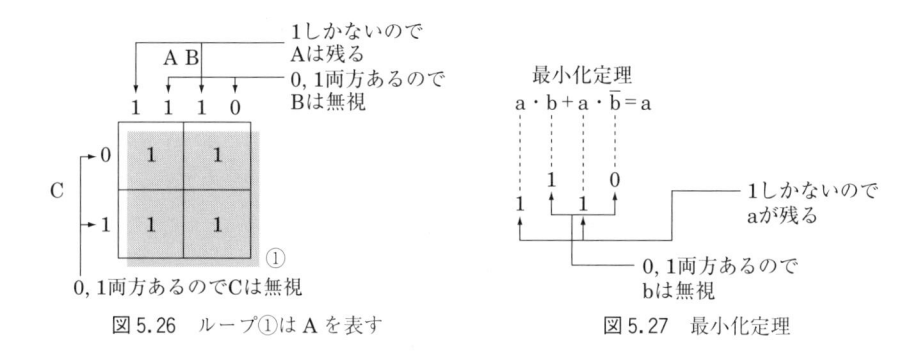

図5.26　ループ①はAを表す

図5.27　最小化定理

ループ②もループ①と同様に考え，$\overline{B}$を表す。

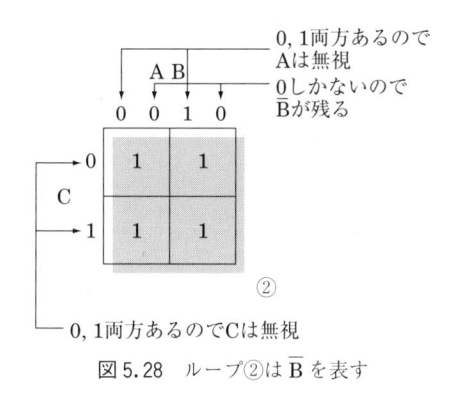

図5.28　ループ②は$\overline{B}$を表す

手順4：各ループについて求めた論理式の論理和が，簡単化された論理式となる。

5.4 カルノー図による簡単化

すなわち，$Y = \overline{A}\cdot\overline{B}\cdot\overline{C} + \overline{A}\cdot\overline{B}\cdot C + A\cdot\overline{B}\cdot\overline{C} + A\cdot\overline{B}\cdot C + A\cdot B\cdot\overline{C} + A\cdot B\cdot C$ は，$Y = A + \overline{B}$ に簡単化される。

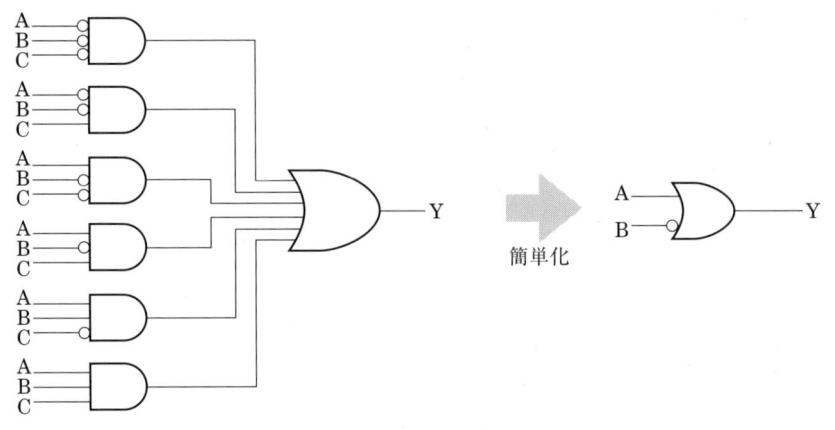

図 5.29　簡単化の効果

（例）　$Y = \overline{A}\cdot\overline{B}\cdot C\cdot D + \overline{A}\cdot B\cdot\overline{C}\cdot D + A\cdot B\cdot\overline{C}\cdot\overline{D} + A\cdot B\cdot\overline{C}\cdot D + A\cdot\overline{B}\cdot C\cdot D + A\cdot\overline{B}\cdot C\cdot\overline{D} + A\cdot B\cdot C\cdot\overline{D} + A\cdot B\cdot C\cdot D$ を簡単化する。

手順 1：カルノー図の作成（図 5.30）
手順 2：ルーピング（図 5.31）

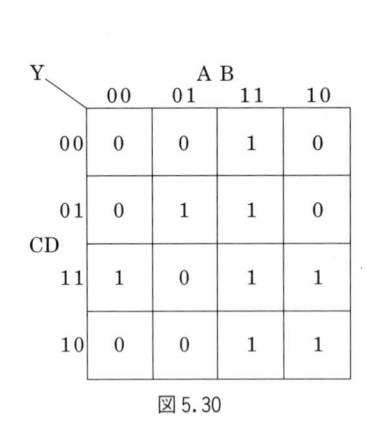

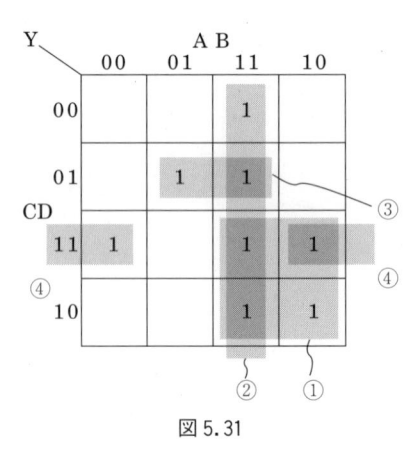

Y \ AB	00	01	11	10
CD 00	0	0	1	0
01	0	1	1	0
11	1	0	1	1
10	0	0	1	1

図 5.30

Y \ AB	00	01	11	10
CD 00			1	
01		1	1	
11	1		1	1
10			1	1

図 5.31

手順3：各ループの論理式を求める（図5.32）。

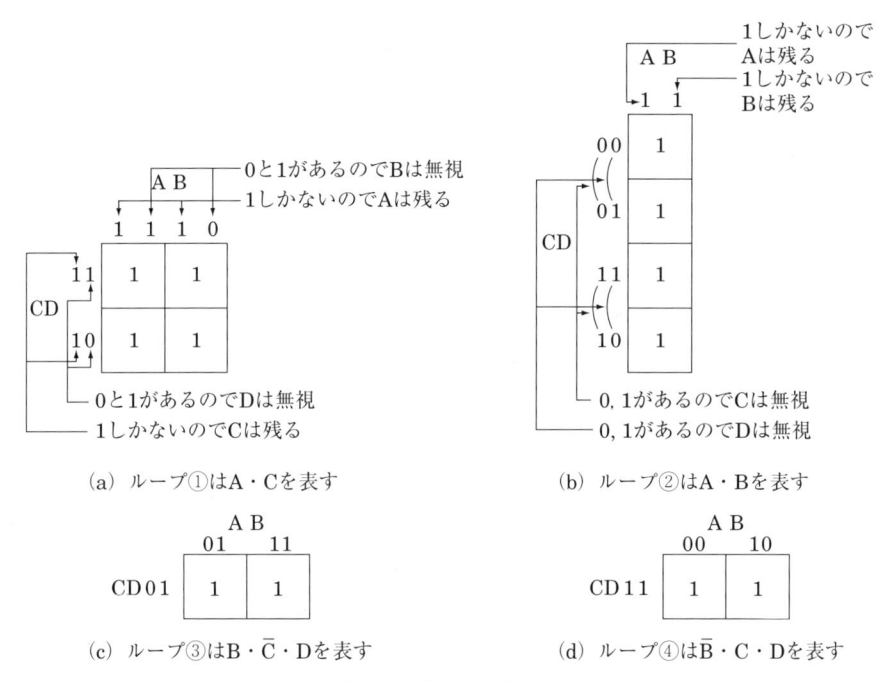

(a) ループ①はA・Cを表す

(b) ループ②はA・Bを表す

(c) ループ③はB・$\overline{\text{C}}$・Dを表す

(d) ループ④は$\overline{\text{B}}$・C・Dを表す

図5.32　論理式を求める

手順4：各ループの論理式を求める。

すなわち，Y＝A・C＋A・B＋B・$\overline{\text{C}}$・D＋$\overline{\text{B}}$・C・D と簡単化される。

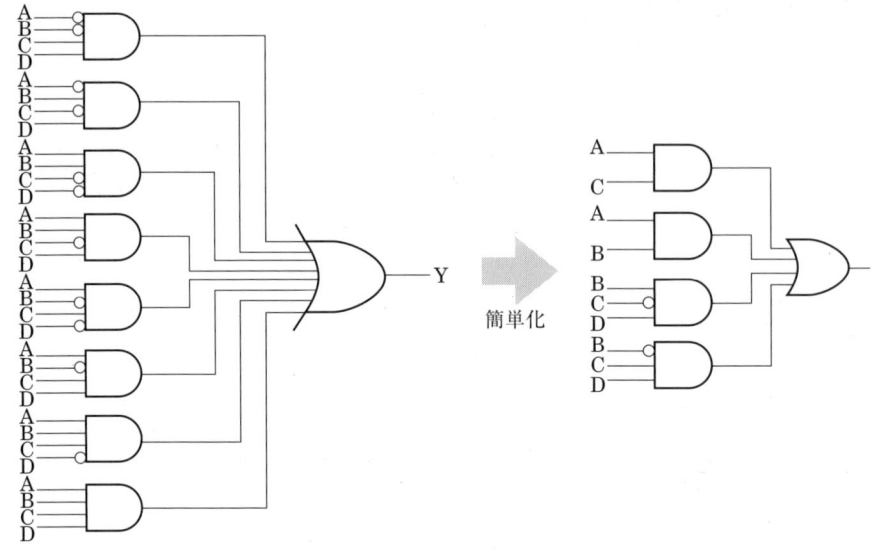

図 5.33 簡単化の効果

❷ 乗法標準形の簡単化

0についてルーピングを行う点と論理が逆になる点(例えばAの0の列はA, Aの1の列は$\overline{A}$にする)以外は,加法標準形と同じ手順で,簡単化することができる。

(例) 乗法標準形 $Y=(A+B+C)\cdot(A+\overline{B}+C)\cdot(A+B+\overline{C})\cdot(A+\overline{B}+\overline{C})\cdot(\overline{A}+B+\overline{C})$ を簡単化する。

手順1:カルノー図の作成(図5.34)

Y	A B			
C	00	01	11	10
0	0	0	1	1
1	0	0	1	0

図 5.34

手順2：0についてルーピングする（図5.35）。

```
        A B
     00  01  11  10
   ┌───┬───┬───┬───┐
 0 │ 0 │ 0 │   │   │
C  ├───┼───┼───┼───┤
 1 │ 0 │ 0 │   │ 0 │
   └───┴───┴───┴───┘
   ②    ①         ②
```

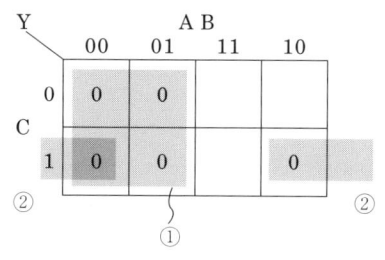

図5.35　0についてルーピング

手順3：各ループの論理式を求める（図5.36）。

(a)　ループ①はAを表す

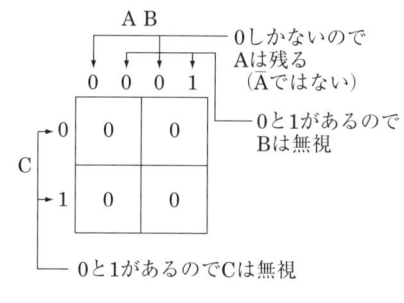

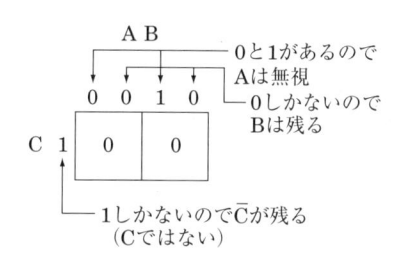

```
     A B
     ↓ ↓         ─0しかないので
   0 0 0 1        Aは残る
   ┌───┬───┐     （Āではない）
 0 │ 0 │ 0 │─────0と1があるので
C  ├───┼───┤      Bは無視
 1 │ 0 │ 0 │
   └───┴───┘
   └─ 0と1があるのでCは無視
```

```
     A B
     ↓ ↓         ─0と1があるので
   0 0 1 0        Aは無視
   ┌───┬───┐     ─0しかないので
C 1│ 0 │ 0 │      Bは残る
   └───┴───┘
   └─ 1しかないのでC̄が残る
     （Cではない）
```

(a)　ループ①はAを表す　　(b)　ループ②はB+C̄を表す（B・C̄ではない）

図5.36　論理式を求める

(b)　ループ②はB+C̄を表す（注意：B・C̄ではない）

手順4：各ループの論理式の論理積を求める。

すなわち，Y=A・(B+C̄) に簡単化される。

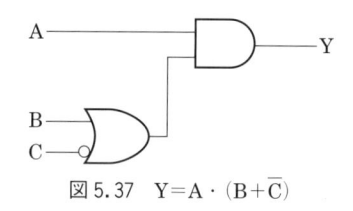

図5.37　Y=A・(B+C̄)

● 演習問題 ●

[1] 表5.7の真理値表から、①加法標準形、②乗法標準形を求め、論理式と論理回路で示せ。

表5.7

A	B	Y
0	0	0
0	1	1
1	0	1
1	1	0

[2] 4変数による加法標準形 Y＝Min 2＋Min 3＋Min 7＋Min 9＋Min 10＋Min 12＋Min 13 を乗法標準形に変換せよ。

[3] 図5.38の乗法標準形による回路を、加法標準形による回路に変換せよ。

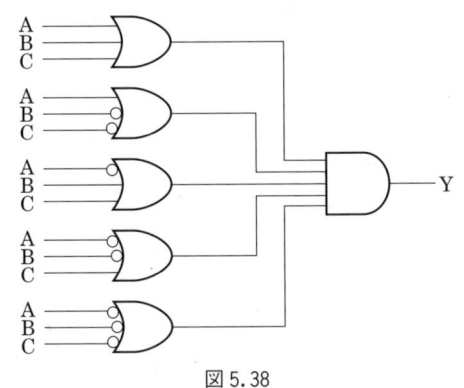

図5.38

[4] 図5.39の加法標準形による回路を乗法標準形による回路に変換せよ。

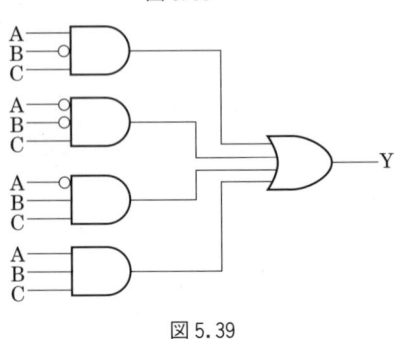

図5.39

[5] ブール代数を用いて次の論理式を簡単化せよ。

$Y = A \cdot (B + \overline{C}) + A \cdot C$

[6] 次の加法標準形をカルノー図で表現せよ。
　① $Y = A \cdot \overline{B} + \overline{A} \cdot B$
　② $Y = \overline{A} \cdot B \cdot C + A \cdot \overline{B} \cdot \overline{C} + A \cdot \overline{B} \cdot C$
　③ $Y = \overline{A} \cdot \overline{B} \cdot \overline{C} \cdot \overline{D} + \overline{A} \cdot \overline{B} \cdot C \cdot \overline{D} + \overline{A} \cdot B \cdot \overline{C} \cdot \overline{D} + A \cdot \overline{B} \cdot \overline{C} \cdot \overline{D} + A \cdot \overline{B} \cdot \overline{C} \cdot D$
　④ $Y = \text{Min } 1 + \text{Min } 3 + \text{Min } 6 + \text{Min } 7$
　⑤ $Y = \text{Min } 0 + \text{Min } 5 + \text{Min } 8 + \text{Min } 12 + \text{Min } 13$

[7] $Y = A \cdot \overline{B} \cdot C \cdot D + \overline{A} \cdot B \cdot C + A \cdot \overline{B} + A$ をカルノー図で表現せよ。

[8] 次の乗法標準形の式をカルノー図で示せ。
　① $Y = (A + \overline{B}) \cdot (\overline{A} + B)$
　② $Y = (\overline{A} + B + C) \cdot (A + \overline{B} + \overline{C}) \cdot (A + \overline{B} + C)$
　③ $Y = (\overline{A} + \overline{B} + \overline{C} + \overline{D}) \cdot (\overline{A} + \overline{B} + C + D) \cdot (\overline{A} + B + \overline{C} + \overline{D}) \cdot (A + \overline{B} + \overline{C} + \overline{D}) \cdot (A + \overline{B} + \overline{C} + D)$
　④ $Y = \text{Max } 1 \cdot \text{Max } 3 \cdot \text{Max } 6 \cdot \text{Max } 7$
　⑤ $Y = \text{Max } 0 \cdot \text{Max } 5 \cdot \text{Max } 8 \cdot \text{Max } 12 \cdot \text{Max } 13$

[9] 次の論理式をカルノー図に示せ。
　① $Y = (A + B) \cdot (A + \overline{B})$
　② $Y = \text{Max } 2 \cdot \text{Max } 3$
　③ $Y = \overline{A} \cdot B + A \cdot \overline{B}$
　④ $Y = \text{Min } 0 + \text{Min } 3$
　⑤ $Y = (A + \overline{B} + C) \cdot (\overline{A} + B + C) \cdot (\overline{A} + B + \overline{C})$
　⑥ $Y = \text{Max } 2 \cdot \text{Max } 3 \cdot \text{Max } 6$
　⑦ $Y = \overline{A} \cdot \overline{B} \cdot \overline{C} + A \cdot \overline{B} \cdot \overline{C} + A \cdot \overline{B} \cdot C$
　⑧ $Y = (A + B + C + D) \cdot (A + B + \overline{C} + D) \cdot (A + \overline{B} + \overline{C} + D) \cdot (\overline{A} + B + \overline{C} + D)$
　⑨ $Y = \text{Max } 0 \cdot \text{Max } 3 \cdot \text{Max } 7 \cdot \text{Max } 11$
　⑩ $Y = \overline{A} \cdot \overline{B} \cdot \overline{C} \cdot \overline{D} + A \cdot \overline{B} \cdot \overline{C} \cdot \overline{D} + A \cdot B \cdot \overline{C} \cdot D + A \cdot B \cdot C \cdot D$
　⑪ $Y = (A + B) \cdot A \cdot C$
　⑫ $Y = (A + \overline{B} + C) \cdot (A + \overline{B}) \cdot B$
　⑬ $Y = A \cdot B \cdot C \cdot D + B \cdot C \cdot D$

[10] 次に示す論理式を，カルノー図を用いて簡単化し，積和形で示せ。
　① $Y = \overline{A} \cdot \overline{B} \cdot \overline{C} + \overline{A} \cdot B \cdot C + A \cdot \overline{B} \cdot \overline{C} + A \cdot B \cdot C$
　② $Y = \overline{A} \cdot \overline{B} \cdot C \cdot \overline{D} + \overline{A} \cdot B \cdot C \cdot D + A \cdot \overline{B} \cdot \overline{C} \cdot \overline{D} + A \cdot \overline{B} \cdot C \cdot \overline{D} + A \cdot B \cdot \overline{C} \cdot \overline{D} + A \cdot B \cdot \overline{C} \cdot D + A \cdot B \cdot \overline{C} \cdot D + A \cdot B \cdot C \cdot D$

③ $Y = \overline{A}\cdot\overline{B}\cdot C + \overline{A}\cdot B\cdot\overline{C} + \overline{A}\cdot B + B\cdot\overline{C}\cdot\overline{D} + A\cdot\overline{B}\cdot\overline{C}\cdot\overline{D}$

[11] 次に示す論理式を，カルノー図を用いて簡単化し，和積形で示せ．

① $Y = (\overline{A}+\overline{B}+\overline{C})\cdot(\overline{A}+\overline{B}+C)\cdot(\overline{A}+B+C)\cdot(A+\overline{B}+C)\cdot(A+B+C)$

② $Y = \text{Max } 1\cdot\text{Max } 4\cdot\text{Max } 5\cdot\text{Max } 7\cdot\text{Max } 10\cdot\text{Max } 11\cdot\text{Max } 12\cdot\text{Max } 13\cdot\text{Max } 15$

③ $Y = (A+\overline{B}+C)\cdot(A+\overline{B}+\overline{C})\cdot(A+C+\overline{D})\cdot(\overline{A}+C+\overline{D})$

第6章 制御回路

制御装置の主な役割は，命令を解読して，演算装置，主記憶装置，入出力装置を制御することである．本章では制御装置に用いられる回路の基本構成と制御装置の実現手法について解説する．

6.1 信号の符号化と分配

❶ エンコーダ

エンコーダ (encoder) は，入力信号を符号化する回路であり，入力信号のうちの1本だけが，1 (0) になると，その信号に割り当てられた符号を出力する．図 6.1 に **10 進-2 進エンコーダ**を示す．この回路では，10 進数 1～9 に対応した 4 ビットの 2 進数を符号化して出力する．例えば，入力 "7" のみが 1 の場合，出力は "2^3"=0，"2^2"=1，"2^1"=1，"2^0"=1 となり，2 進数 $(0111)_2$ に符号化される．

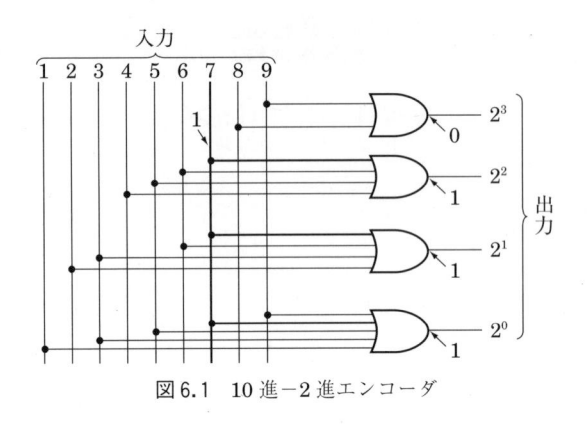

図6.1 10進-2進エンコーダ

❷ デコーダ

デコーダ (decoder) は，エンコーダとは逆に，符号を信号に変換する回路であり，入力された符号に対応する出力信号だけを1 (0) にする。図6.2に**2進-10進デコーダ**を示す。4ビットで与えた2進数を対応する10進信号に変換する。例えば，$(1001)_2$を入力した場合，出力"9"のみが1となり，$(1001)_2$が10進数9に変換される。

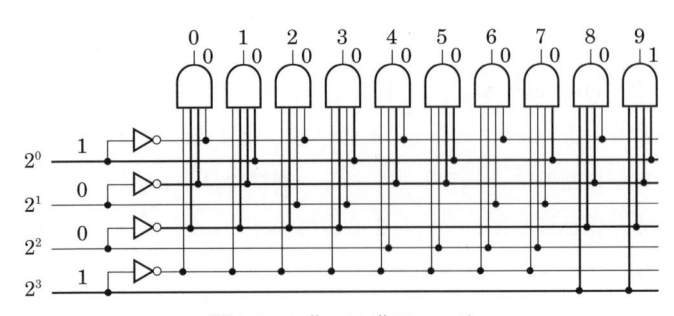

図6.2 2進-10進デコーダ

❸ マルチプレクサ

マルチプレクサ（multiplexer）は，データセレクタとも呼ばれ，複数の入力より出力を選択する機能をもつ．入力の選択は，選択信号によって指定する．図6.3に **4入力マルチプレクサ**を示す．選択信号 A，B の状態の組合せにより，入力信号 D_0〜D_3 から出力 F に伝達する信号を指定する．

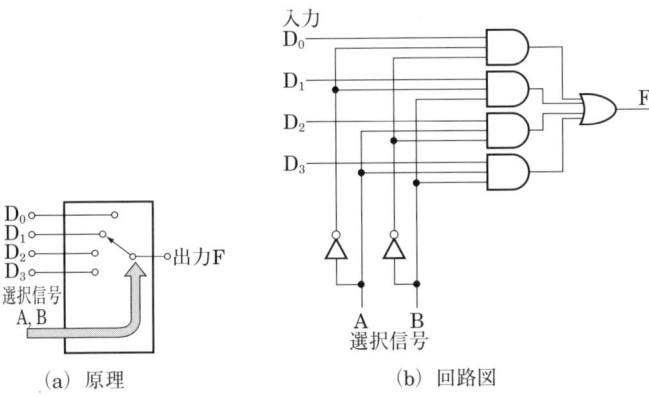

制御信号		出力
A	B	F
0	0	D_0
0	1	D_1
1	0	D_2
1	1	D_3

(a) 原理　　(b) 回路図　　(c) 真理値表

図 6.3　4入力　マルチプレクサ

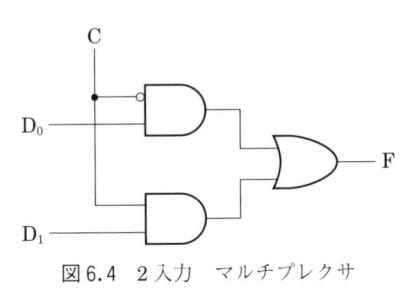

図 6.4　2入力　マルチプレクサ

❹ デマルチプレクサ

デマルチプレクサ（demultiplexer）は，マルチプレクサとは逆に，1つの入

6.1 信号の符号化と分配

力と複数の出力をもち，出力位置を選択信号によって決定する．図6.5に4出力デマルチプレクサ，図6.6に2出力デマルチプレクサを示す．

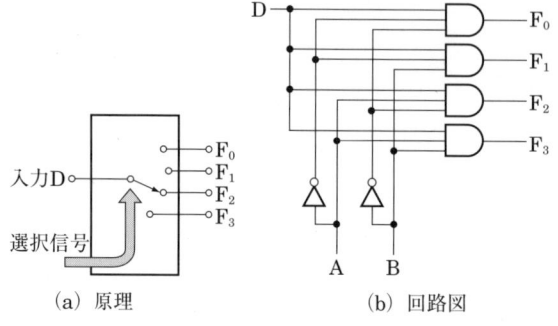

制御信号		出　力			
A	B	F_0	F_1	F_2	F_3
0	0	D	0	0	0
0	1	0	D	0	0
1	0	0	0	D	0
1	1	0	0	0	D

(a) 原理　　　　(b) 回路図　　　　(c) 真理値表

図6.5　4出力デマルチプレクサ

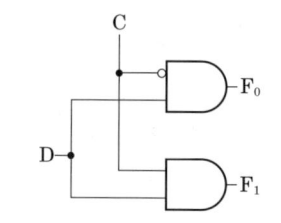

図6.6　2出力デマルチプレクサ

6.2 ストローブ入力とカスケード接続

❶ ストローブ入力

ストローブ（strobe）入力は，回路全体の動作を制御するための信号で，入力状態にかかわらず全体の出力を1（0）に固定する制御を行う．図6.7にストローブ入力付き2入力4出力デコーダを示す．ストローブ信号Sが1の場合は，デコード動作を可能（イネーブル：enable）とし，Sが0の場合には，デコード動作を不可能（ディセーブル：disable）とし，すべての出力を0に固定する．

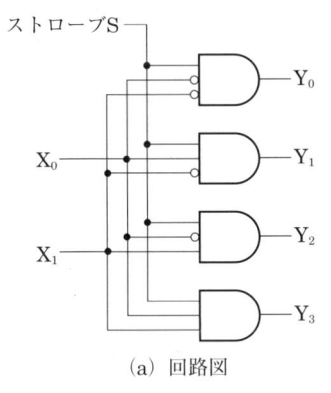

入力		ストローブ	出力
X_1	X_0	S	
0	0	0	0
0	1	0	0
1	0	0	0
1	1	0	0
0	0	1	Y_0
0	1	1	Y_1
1	0	1	Y_2
1	1	1	Y_3

(a) 回路図　　　　　　　(b) 真理値表

図 6.7　ストローブ入力付きデコーダ

図 6.8 にストローブ入力付きマルチプレクサ，図 6.9 にストローブ入力付きデマルチプレクサを示す．

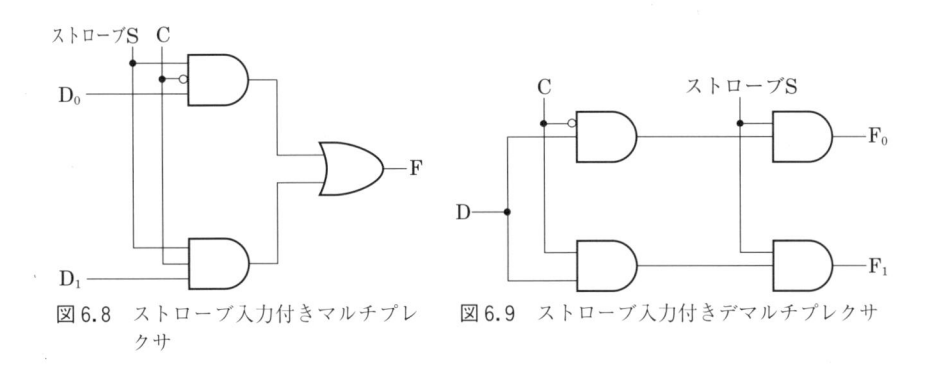

図 6.8　ストローブ入力付きマルチプレクサ　　　図 6.9　ストローブ入力付きデマルチプレクサ

❷ カスケード接続

同種の回路を**カスケード（cascade）接続**することによって，扱う信号数を拡張することができる．図 6.10 にカスケード接続された 8 入力マルチプレクサを，図 6.11 にカスケード接続された 8 出力デマルチプレクサを示す．カスケード接続する場合は，信号の遅延や前段出力の駆動能力に注意が必要となる．

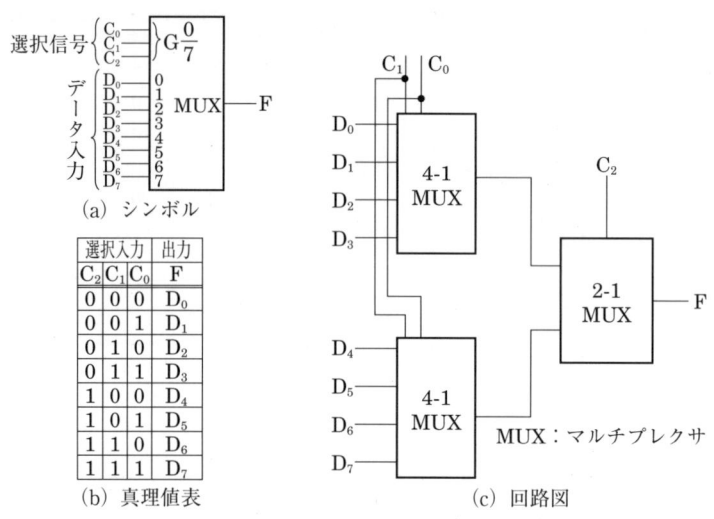

図6.10 8入力マルチプレクサ

(a) シンボル

(b) 真理値表

C_2	C_1	C_0	F
0	0	0	D_0
0	0	1	D_1
0	1	0	D_2
0	1	1	D_3
1	0	0	D_4
1	0	1	D_5
1	1	0	D_6
1	1	1	D_7

(c) 回路図

MUX：マルチプレクサ

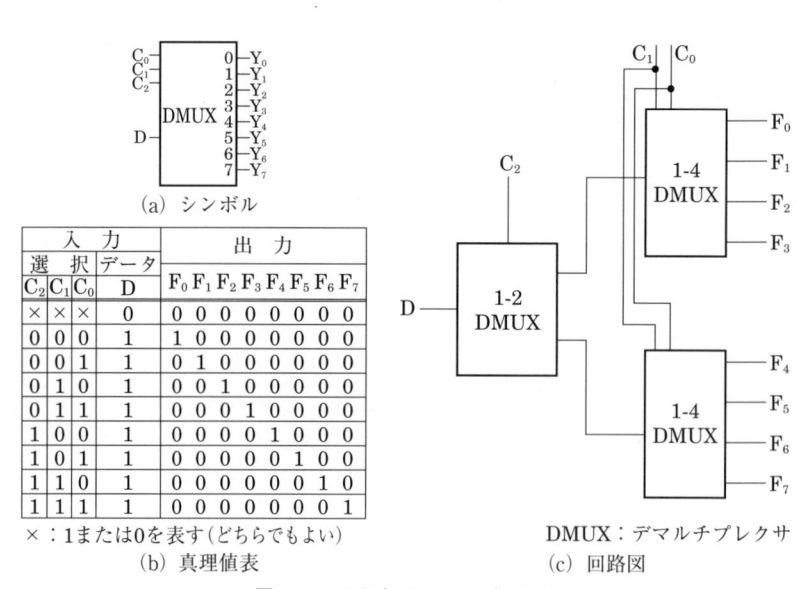

図6.11 8出力デマルチプレクサ

(a) シンボル

(b) 真理値表

選択			データ	出力							
C_2	C_1	C_0	D	F_0	F_1	F_2	F_3	F_4	F_5	F_6	F_7
×	×	×	0	0	0	0	0	0	0	0	0
0	0	0	1	1	0	0	0	0	0	0	0
0	0	1	1	0	1	0	0	0	0	0	0
0	1	0	1	0	0	1	0	0	0	0	0
0	1	1	1	0	0	0	1	0	0	0	0
1	0	0	1	0	0	0	0	1	0	0	0
1	0	1	1	0	0	0	0	0	1	0	0
1	1	0	1	0	0	0	0	0	0	1	0
1	1	1	1	0	0	0	0	0	0	0	1

×：1または0を表す（どちらでもよい）

(c) 回路図

DMUX：デマルチプレクサ

6.3 カウンタ

❶ 同期式と非同期式

順序回路は，**同期式**（synchronous）または**非同期式**（asynchronous）で構成される。同期式では，構成されるすべての順序回路が共通のクロックにより制御され，同一の動作タイミングで動作する。これに対して，非同期式では，共通のクロックを用いずに，構成する回路ごとに異なる動作タイミングで動作する。設計や検証が容易な面や制御が安定する面より，コンピュータでは同期式回路を用いるのが一般的である。

図 6.12 に同期式順序回路，図 6.13 に非同期式順序回路の例を示す。

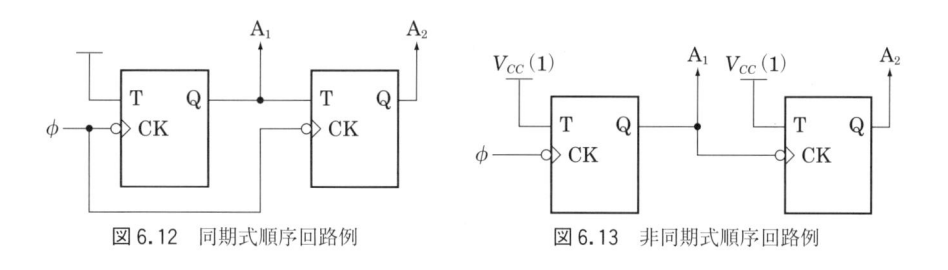

図 6.12　同期式順序回路例

図 6.13　非同期式順序回路例

❷ リップルカウンタ

T フリップフロップで構成されるカウンタであり，前段のフリップフロップの出力を後段のフリップフロップのクロック入力に接続し，外部クロック信号がフリップフロップを次から次へと波（リップル）のように伝わることから，**リップルカウンタ**（ripple counter）と呼ばれる。

n 個のフリップフロップで構成される n ビット出力をもつリップルカウンタは，最大 2^n の状態（$0 \sim 2^n - 1$）を表すことができる。

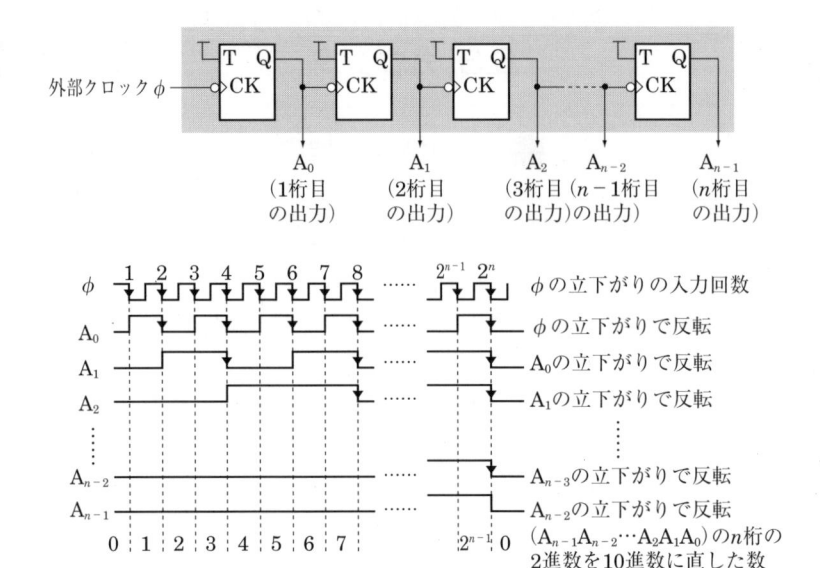

図6.14 2^n 進カウンタ

(1) 2^n 進カウンタ

2進, 4進, 8進, 16進などの 2^n 進カウンタは n 段の T フリップフロップで構成される。クロック入力のたびにカウント動作し, 2^n 回目のクロック入力で初期状態に戻る。すなわち, 0 から 2^n-1 までをカウントする。

図 6.15 に 8 進 UP カウンタ, 図 6.16 に 8 進 DOWN カウンタを示す。

図 6.17 に 8 進 UP/DOWN カウンタを示す。制御信号 M が 1 のときは, UP カウンタとして働き, M が 0 のときは DOWN カウンタとして働く。

(2) N 進カウンタ

N 進カウンタとは, 1周期を N 回のクロック入力によって行うカウンタである。図 6.18 に N 進カウンタの原理図を示す。N 回カウントしたときにリセット信号を発生し, カウンタをリセットする。すなわち 0 から $N-1$ までをカウントする。

図 6.19 に非同期式 10 進カウンタを示す。

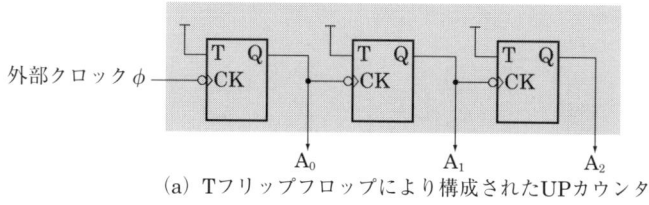

外部クロック ϕ ─

(a) Tフリップフロップにより構成されたUPカウンタ

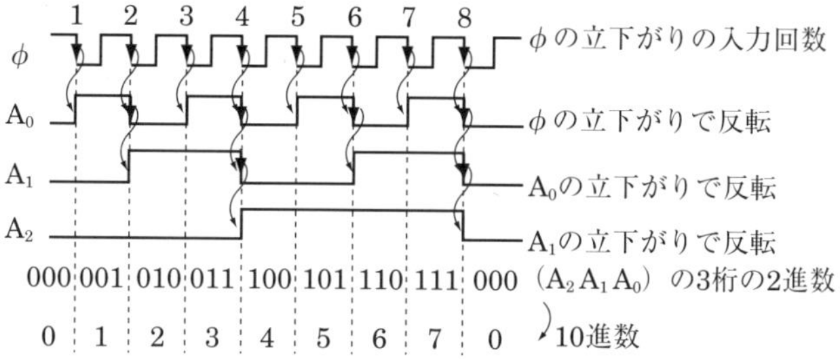

ϕ の立下がりの入力回数
A_0 : ϕ の立下がりで反転
A_1 : A_0 の立下がりで反転
A_2 : A_1 の立下がりで反転

000 001 010 011 100 101 110 111 000 ($A_2 A_1 A_0$)の3桁の2進数
0   1   2   3   4   5   6   7   0   10進数

(b) タイミングチャート

図 6.15　8進 UP カウンタ

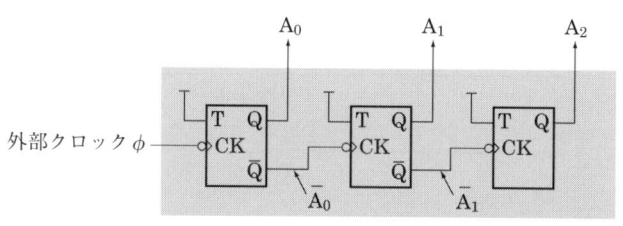

外部クロック ϕ ─

(a) Tフリップフロップにより構成されたDOWNカウンタ

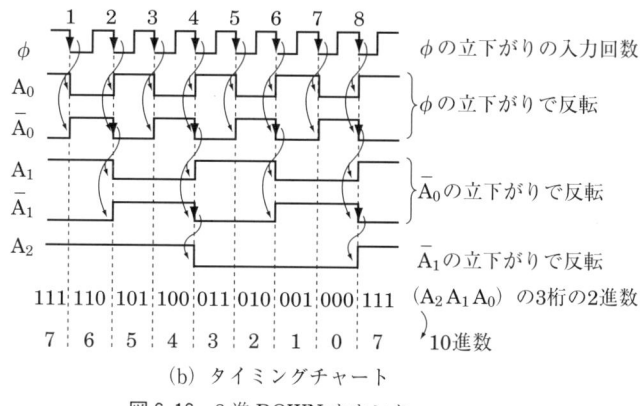

ϕ の立下がりの入力回数
A_0, $\bar{A}_0$: ϕ の立下がりで反転
A_1, $\bar{A}_1$: $\bar{A}_0$ の立下がりで反転
A_2 : $\bar{A}_1$ の立下がりで反転

111 110 101 100 011 010 001 000 111 ($A_2 A_1 A_0$)の3桁の2進数
7   6   5   4   3   2   1   0   7   10進数

(b) タイミングチャート

図 6.16　8進 DOWN カウンタ

6.3 カウンタ

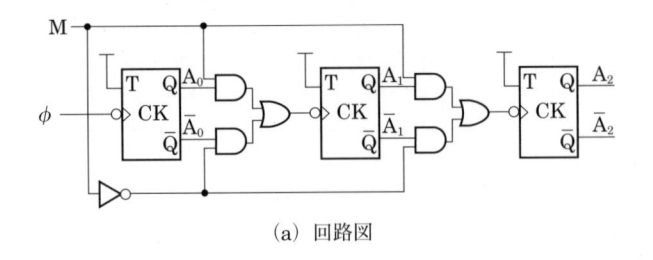

(a) 回路図

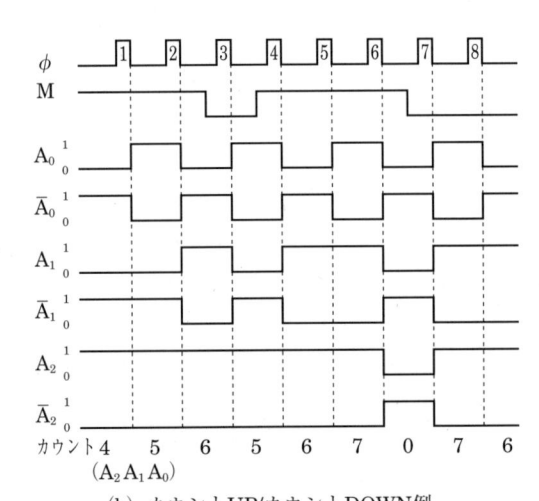

(b) カウントUP/カウントDOWN例

図6.17　8進UP/DOWNカウンタ

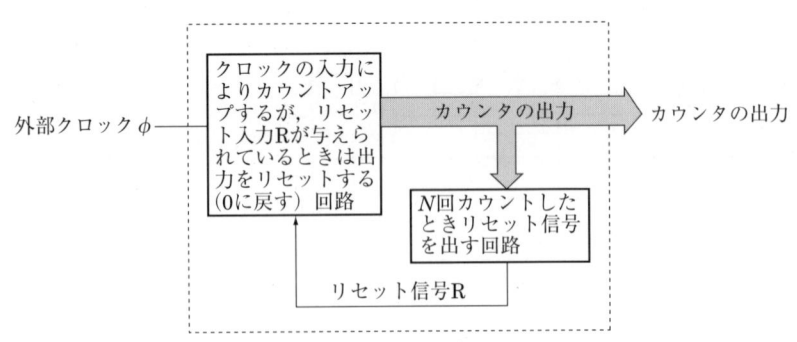

図6.18　N進カウンタの原理図

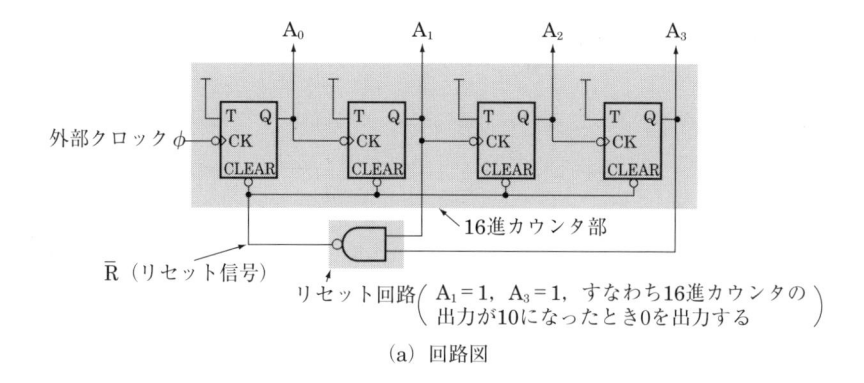

(a) 回路図

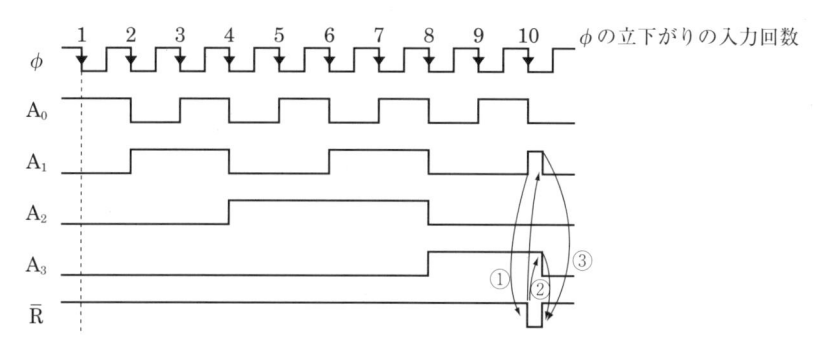

リセット回路 $\begin{pmatrix} A_1=1,\ A_3=1,\ \text{すなわち16進カウンタの} \\ \text{出力が10になったとき0を出力する} \end{pmatrix}$

① $A_1=1$, $A_3=1$ (カウンタの値が10) のとき $\overline{R}=0$ となる
② $\overline{R}=0$ になったのでカウンタの出力をすべて0とする
③ $A_1=1$, $A_3=1$ ではなくなったので $\overline{R}$ は再び1となる
①～③の動作を終了した時点で初期状態 (カウンタの値が0) に戻る

(b) タイミングチャート

図 6.19 非同期式10進カウンタ

6.3 カウンタ

❸ 同期式カウンタ

同期式カウンタは，すべてのフリップフロップがクロックに同期して動作する。非同期回路に比べて出力応答時間のばらつきが少ないが，回路は複雑となる。

(1) 2^n 進カウンタ

図 6.20 に同期式 8 進 **UP** カウンタを示す。非同期式のもの（図 6.15）と比較されたい。

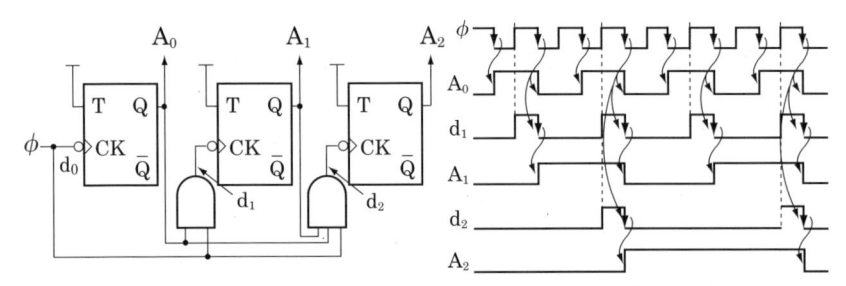

外部クロック ϕ の立下がりから各フリップフロップの出力応答時間がほとんど同じとなる

図 6.20　同期式 8 進 UP カウンタ

(2) キャリカウンタ

図 6.21 に同期式直列キャリ **UP** カウンタを示す。キャリカウンタでは，次段の T フリップフロップの反転制御を，前段からの桁上がり情報（キャリ：carry）によって行う。

図 6.22 に同期直列キャリ **DOWN** カウンタを示す。

キャリ **UP** カウンタにおける桁上がり制御とキャリ **DOWN** カウンタにおけるにおける桁下がり制御を兼ねることにより，キャリ **UP/DOWN** カウンタを構成することができる。

(a) 回路図

(b) タイミングチャート

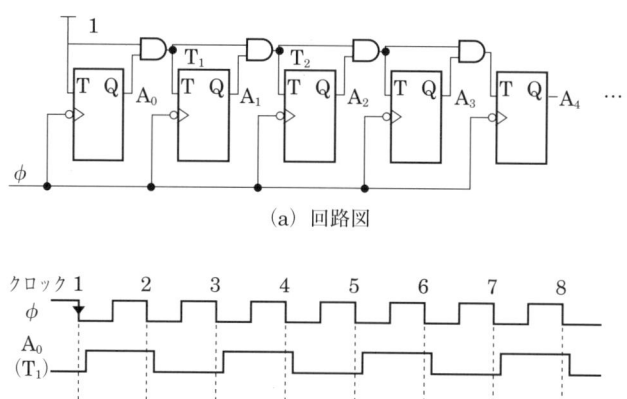

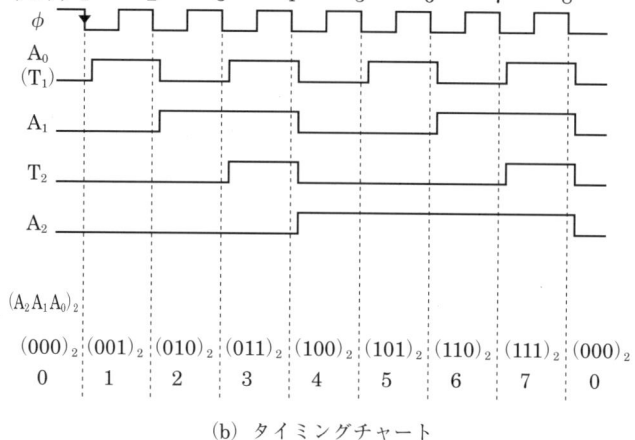

図 6.21 同期式直列キャリ UP カウンタ

　同期直列キャリカウンタでは，最終段に向けて，前段からのキャリ情報を順次集約するため，段数が増えるにつれて，キャリ信号部の遅延が増加してしまう。これに対して，同期並列キャリカウンタでは，キャリを並列的に生成するため，キャリ部による遅延が改善される。

　同期並列キャリカウンタは，直列キャリカウンタに比べてキャリ部の回路は複雑になるが，最大動作周波数を上げることが可能となる。

(a) 回路図

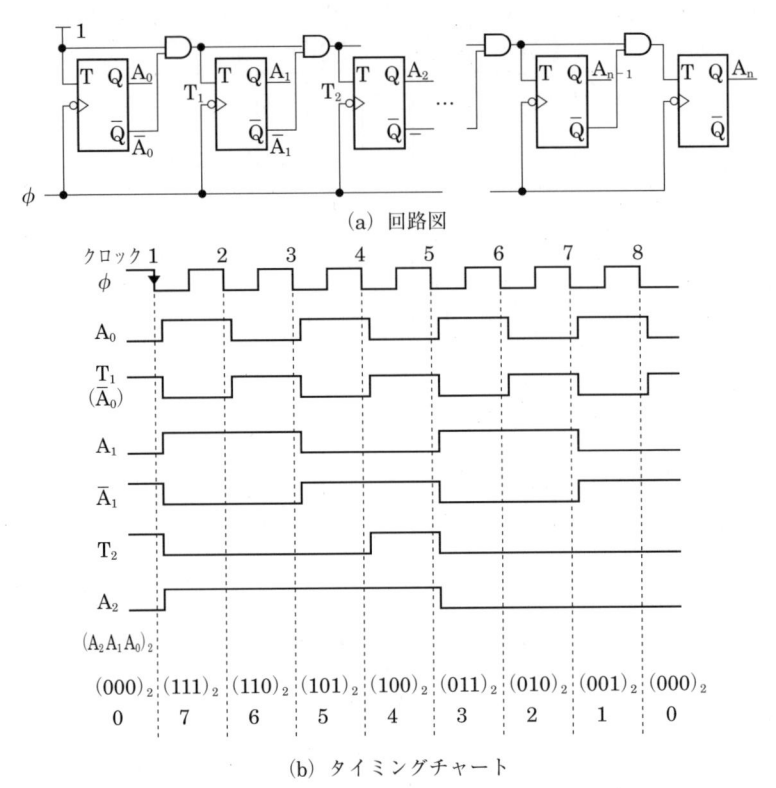

(b) タイミングチャート

図 6.22 同期直列キャリ DOWN カウンタ

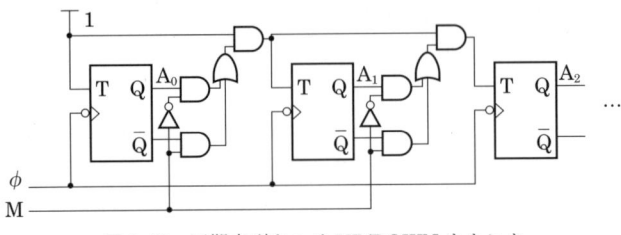

図 6.23 同期直列キャリ UP/DOWN カウンタ

(a) 回路図

(b) タイミングチャート

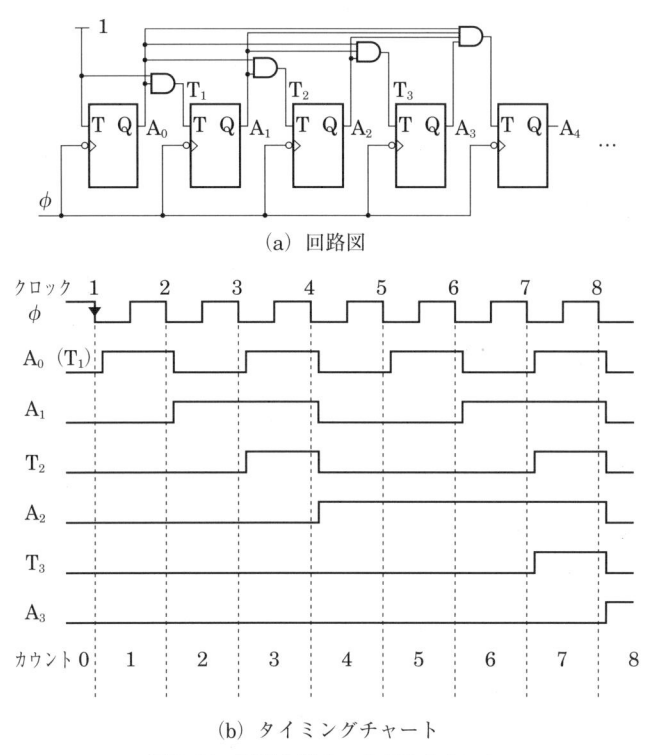

図 6.24 同期並列キャリ UP カウンタ

(3) リングカウンタ

リングカウンタは，N 個のフリップフロップを環状に配置することにより，N 進カウンタを実現する。各状態においては，1 つのみのフリップフロップの出力を 1 とするので，リングカウンタの出力に対するデコード回路は不要となる。

(4) ジョンソンカウンタ

ジョンソンカウンタは，図 6.26(c) に示すように，出力変化を 1 ビットのみとして，カウントする。そのため原理的に**ハザード**（hazard：2 信号以上の同時入力変化を原因とする誤出力）を発生しないカウンタとして使われる。

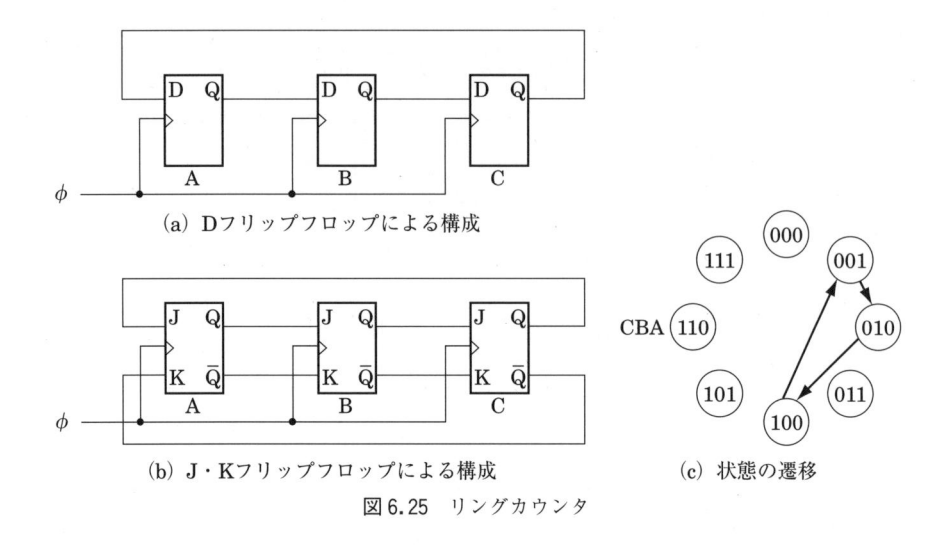

(a) Dフリップフロップによる構成

(b) J・Kフリップフロップによる構成

(c) 状態の遷移

図 6.25 リングカウンタ

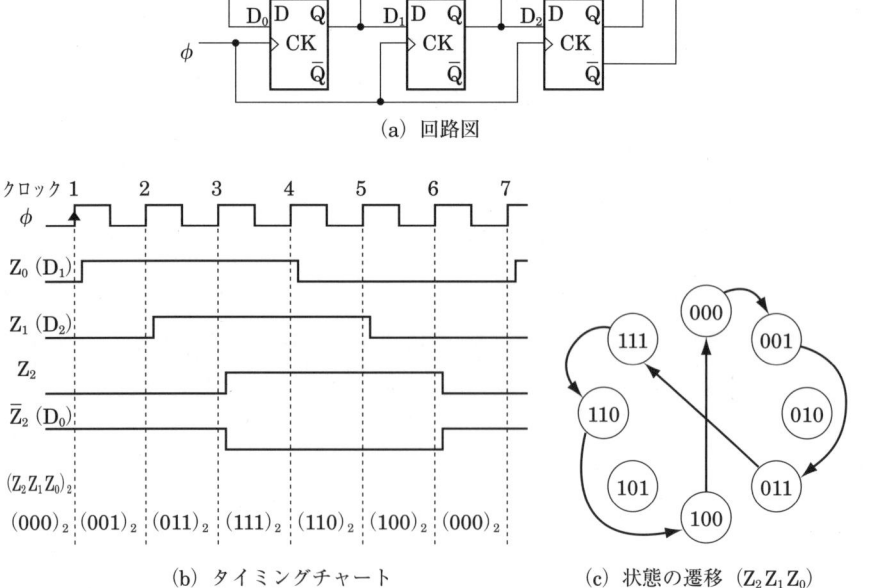

(a) 回路図

(b) タイミングチャート

(c) 状態の遷移 ($Z_2 Z_1 Z_0$)

図 6.26 ジョンソンカウンタ

6.4 制御回路

❶ 命令サイクル

　命令サイクルは，**フェッチフェイズ**（fetch phase）と**実行フェイズ**（execution phase）の段階に分けて制御される。フェッチフェイズでは命令の取り出し，解読とアドレスの決定が行われ，実行フェイズでは，命令の実行と結果の格納が行われる。

（1）フェッチフェイズ

　制御装置は，プログラムカウンタで示される命令アドレスに従って，命令を取り出し，命令レジスタに格納する。命令レジスタの命令は，オペコード部とオペランド部とに分けられ処理される。オペコードは命令デコーダによって解読され，各装置への信号として用いられ，オペランドは，演算データなどが格納されている主記憶装置のアドレス情報として用いられる。

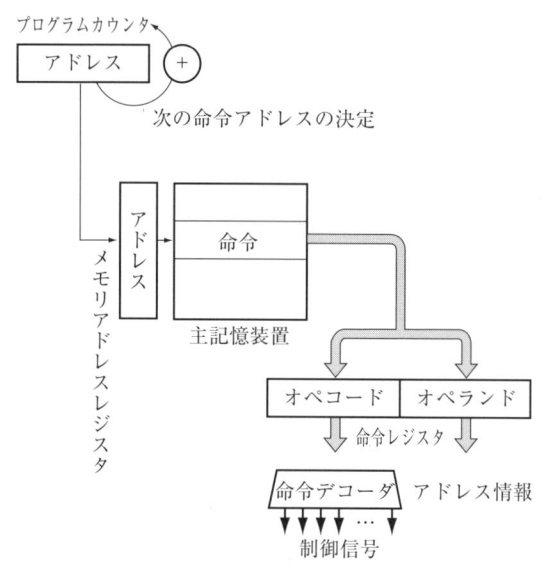

図 6.27　フェッチフェイズ

(2) 実行フェイズ

　フェッチフェイズで取り込んだ命令は，実行フェイズで実行される。例えば，演算命令では，実効アドレスで指定されたデータを用いて演算し，その結果を格納する。

　制御回路は，**結線論理制御**（wired-logic control）**方式またはマイクロプログラム制御**（microprogrammed control）**方式**で実現される。

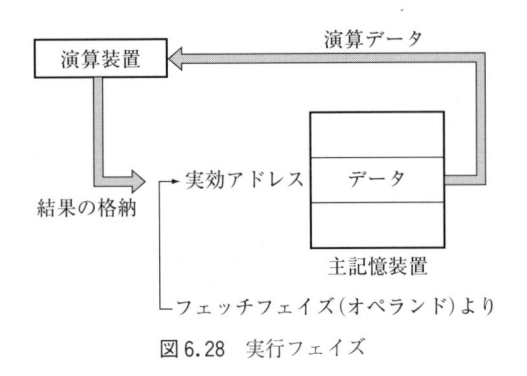

図 6.28　実行フェイズ

❷ 結線論理制御方式

　結線論理制御方式は，一般のハードウェアと同様に制御回路を順序回路によって構成する方式である。

　高速に動作するという利点があるが，制御論理の追加や変更に対応できないという欠点もある。

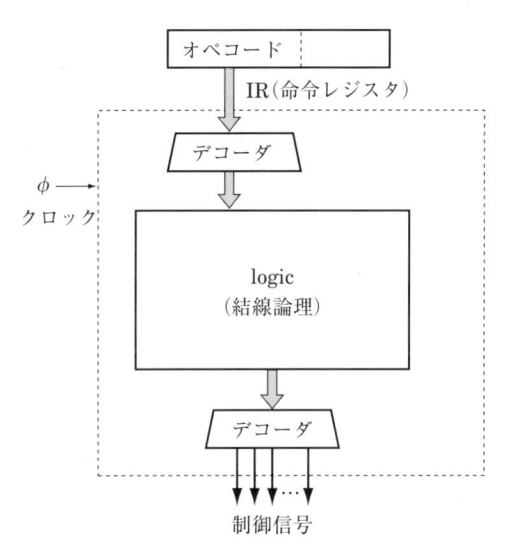

図6.29 結線論理制御方式

❸ マイクロプログラム制御方式

マイクロプログラム制御方式では，主記憶装置から命令レジスタにフェッチされた機械語命令をさらに下位の命令セットレベルを用いて実現する。ここで用いられるプログラムを**マイクロプログラム**と呼び，**制御メモリ**（**CM**：control memory）に格納される。すなわち，ハードウェア的には順序回路の代わりに制御メモリを用いることになる。マイクロプログラムはハードウェアとソフトウェアの中間的な役割として，**ファームウェア**（firm ware）と呼ばれる。

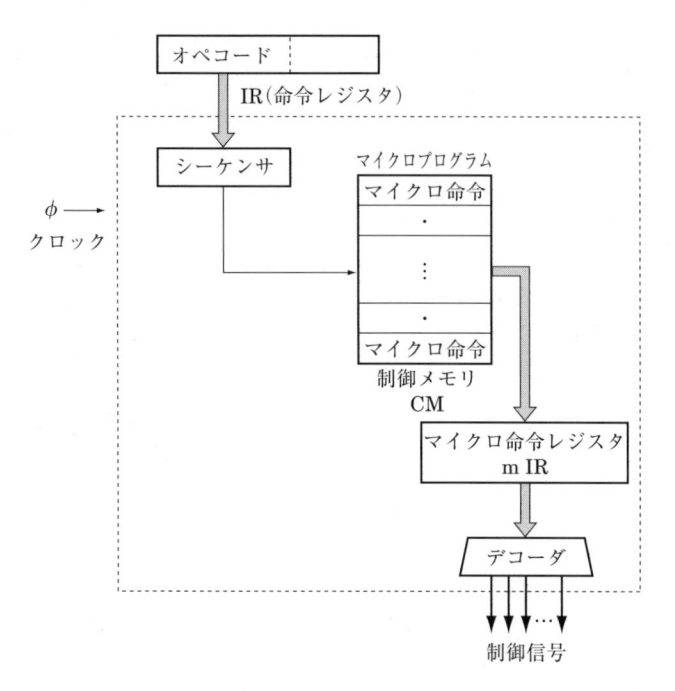

図 6.30 マイクロプログラム制御方式

　マイクロプログラム制御方式は，複雑な論理をマイクロプログラムで実現できるため，設計が容易となり，制御論理の追加や変更は，マイクロプログラムの更新で対応できるなどの利点がある。

6.5 割込み制御

❶ 割込み処理

　割込み（interrupt）処理では，図 6.31 に示すように，割込み要求に対して，実行中のプログラムを一時中断し，あらかじめ用意した割込み処理ルーチンを実行する。

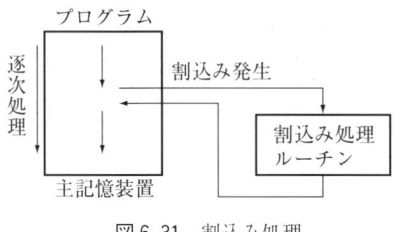

図 6.31　割込み処理

❷ 割込み要因

割込みの要因は，**外部割込み**と**内部割込み**とに大別される。外部割込みは，CPU外の要因による割込みで，割込み入力信号などにより，CPU外部からハードウェア的に割込みを受け付ける。外部割込み要因には，入出力装置からの処理終了通知やエラー通知，外部機器からの処理要求などがある（図 6.32 参照）。

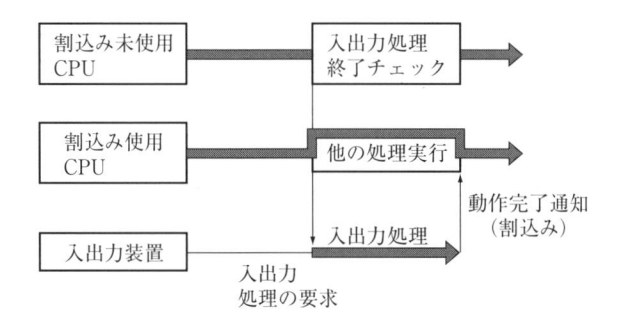

割込みを使用しない場合は，入出力処理の終了をプログラムによってチェックし続ける。

図 6.32　割込みを用いた入出力処理

❸ 割込みベクタ

複数の要因からの割込み要求に対して，**ベクタ割込み**（vectored interrupt）が用いられる。ベクタ割込みでは，それぞれの割込みに対応する割込み処理ルーチ

6.5 割込み制御

ンを用意し，それらの先頭アドレスを**割込みベクタ**（interrupt vector）としてまとめる。

同時割込みや**多重レベル割込み**（multilevel interrupt）に関する優先度は**プライオリティエンコーダ**（priority encoder）によって決定される。

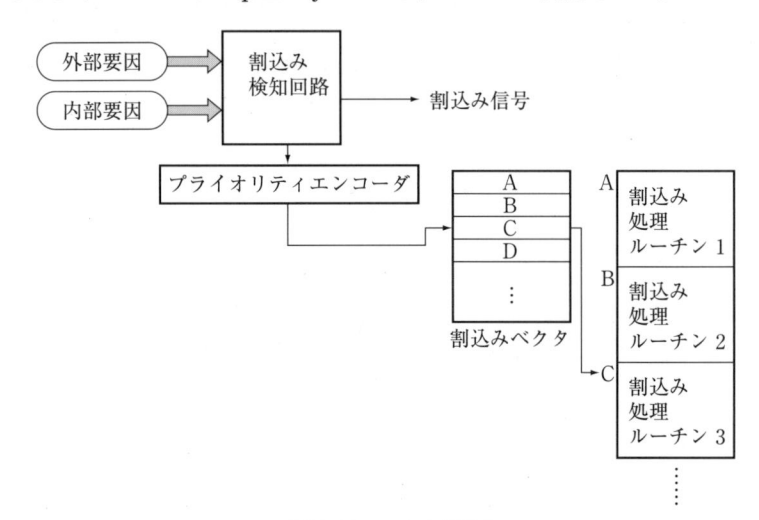

図 6.33　ベクタ割込み

● 演習問題 ●

[1] 8進-2進エンコーダを示せ。
[2] 2進-8進デコーダを示せ。
[3] 3入力1出力マルチプレクサを示せ。
[4] 1入力3出力デマルチプレクサを示せ。
[5] Dフリップフロップによる4ビットリングカウンタを示せ。
[6] キャリカウンタにおいて，直列形に対する並列形の利点と欠点を述べよ。
[7] 結線論理制御方式とマイクロプログラム制御方式とを比較し，それぞれの利点についてまとめよ。
[8] ストローブ入力をもつ回路の用途について考えよ。

第7章
演算回路

演算装置は，算術論理演算装置（ALU：arithmetic and logic unit）とも呼ばれ，算術演算，論理演算，比較・検査などを行う。本章では，演算装置に用いられる基本回路の機能と演算の実現手法について解説する。

7.1 パリティチェッカ

　データの信頼性を高めるために，本来のデータ列に検査ビットを付加する手法が用いられる。パリティビット（parity bit）は，1ビットの検査ビットでありパリティビットを含むビット列に対して，1であるビットが奇数（偶数）になるようにビット値を定める。図7.1にパリティビットの例を示す。

　パリティチェックでは，エラービットの特定ができない。また，同時に偶数個のビットがエラーになった場合の検出ができないという欠点がある。そのため，信頼性をより高めるには，さらに検査能力の高い手法を用いる必要があるが，一般的に信頼性に応じて冗長度は増すことになる。

元のデータ	パリティビットを付加した データ列　□：パリティビット
0110 1101 0010	0110[1] 1101[0] 0010[0]

ビット列の1の総数が奇数になる。
（奇数パリティ）

(a) パリティビット例

　　　　　 $b_3\,b_2\,b_1\,b_0$
（正）　0 1 1 0 [1]
　　　　　↓ b_2が1から0に化ける
（誤）　0 0 1 0 [1] …1のビット数が偶数となる→エラー検知

(b) エラー検知例

図7.1　パリティビット（奇数パリティ）

❶ 奇数（偶数）デコーダ

奇数（偶数）デコーダは，1入力の数が偶数か奇数かを判定する回路である。パリティビットの生成や検査に用いられる。

　　　　　　　　　　　　　　　1：1入力が奇数個
　　　　　　　　　　　　　　　0：1入力が偶数個

図7.2　奇数デコーダ（奇数パリティチェッカ）

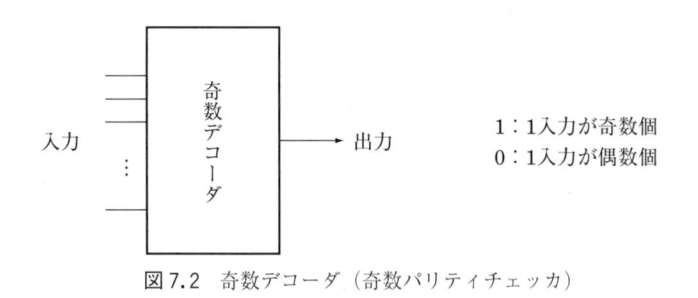

図7.2に奇数デコーダ（奇数パリティチェッカ）の概念図を示す。偶数デコーダは奇数デコーダの出力を反転したものとなる。

❷ 線形カスケード接続

奇数パリティチェッカは，EXORゲートを線形にカスケード接続することにより，構成される。図7.3に線形カスケード接続による奇数パリティチェッカを示す。

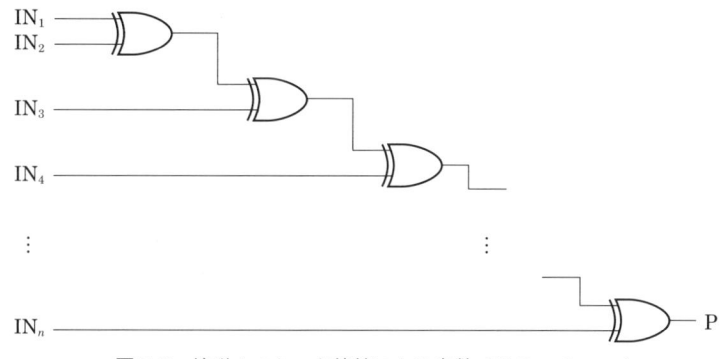

図7.3　線形カスケード接続による奇数パリティチェッカ

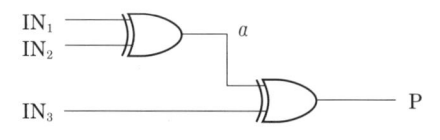

IN_1	IN_2	IN_3	a	P
0	0	0	0	0
0	0	1	0	1
0	1	0	1	1
0	1	1	1	0
1	0	0	1	1
1	0	1	1	0
1	1	0	0	0
1	1	1	0	1

図7.4　3入力奇数パリティチェッカ

線形カスケードによる構成では，図7.3に示すようにカスケードの段数を増や

すことによって，多入力への対応が可能である．しかし，段数分のEXORゲートによる遅延が生じることになる．n 入力に対してEXORが $n-1$ 個，信号遅延は $n-1$ 段となる．

❸ 三角形カスケード接続

線形カスケード接続によるゲート遅延を改善する方法として，**三角形カスケード接続**（ツリー構造）が用いられる．

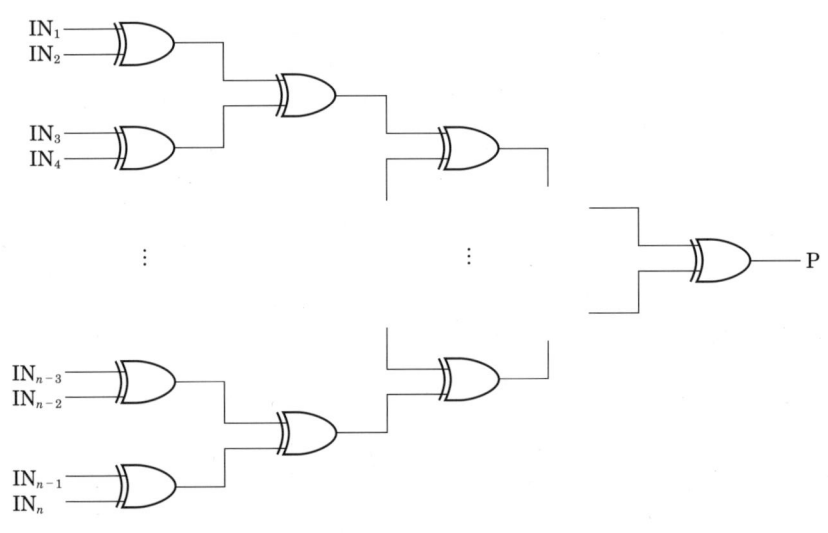

図7.5に三角形カスケード接続による奇数パリティチェッカを示す（n 入力に対してEXORが $n-1$ 個，信号遅延は $\log_2 n$ 段）．

図7.5　三角形カスケード接続による奇数パリティチェッカ

7.2 加算器

加算器は，2進数の計算を行う回路である．われわれが行っている筆算と同様に，桁上がり（carry）を考慮しながら対応する桁を加算する．また，減算につ

いては，2の補数と加算を組み合せて行うのが一般的である。

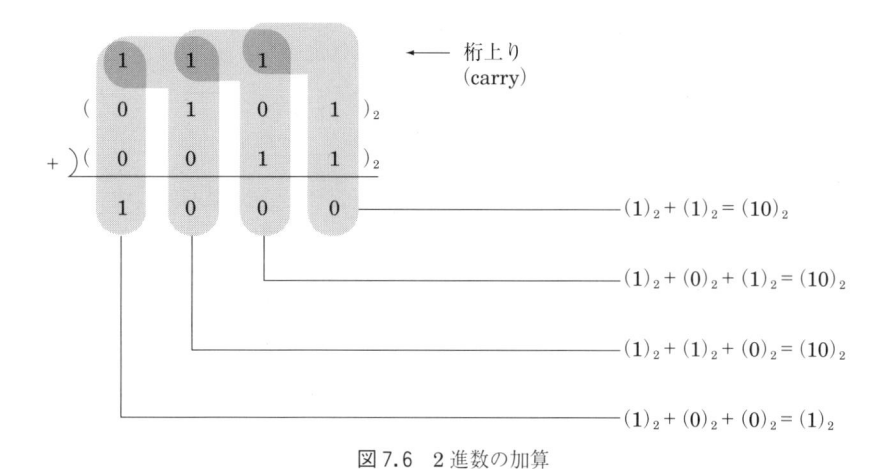

```
          ┌1┐┌1┐┌1┐    ← 桁上り
          │ ││ ││ │      （carry）
    (  0   1   0   1 )₂
  +)(  0   0   1   1 )₂
    ─────────────────
       1  0   0   0  ──── $(1)_2 + (1)_2 = (10)_2$
                     ──── $(1)_2 + (0)_2 + (1)_2 = (10)_2$
                     ──── $(1)_2 + (1)_2 + (0)_2 = (10)_2$
                     ──── $(1)_2 + (0)_2 + (0)_2 = (1)_2$
```

図 7.6　2 進数の加算

❶ 半加算器と全加算器

(1) 半加算器

　半加算器 (half adder) は，1桁の2進数の加算を行う組合せ回路である。図 7.7 に半加算器を示す。入力 A と B の加算結果が出力 Σ および**桁上がり出力** C_o (carry out) に出力される。

入力		出力	
A	B	C_o	Σ
0	0	0	0
0	1	0	1
1	0	0	1
1	1	1	0

```
A B  C_o Σ
↓ ↓   ↓  ↓
◀ 0+0 → 0 0
◀ 0+1 → 0 1
◀ 1+0 → 0 1
◀ 1+1 → 1 0
```

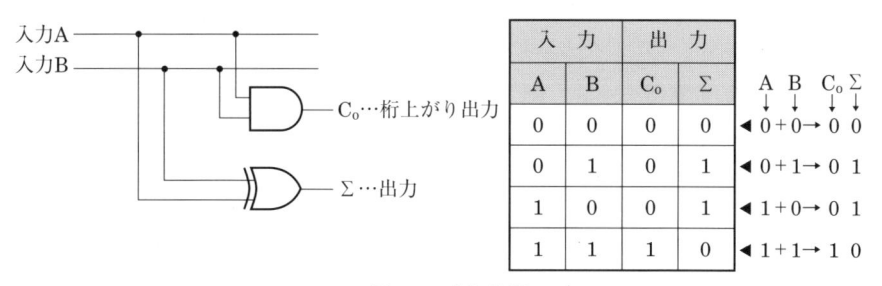

入力A ─┬─────┐
入力B ─┼──┐ └─[AND]── C_o …桁上がり出力
　　　 │ │
　　　 └──┴──[XOR]── Σ …出力

図 7.7　半加算器

7.2 加算器

(2) 全加算器

2桁以上の2進数の加算を行うには，**全加算器**（full adder）を用いる。全加算器は，半加算器2個と，OR回路1個によって構成され，前の桁からの**桁上がり入力** C_i（carry in）に対応する。

入力		出力		
A	B	C_i	C_o	Σ
0	0	0	0	0	◀ 0+0+0→0 0
0	1	0	0	1	◀ 0+1+0→0 1
1	0	0	0	1	◀ 1+0+0→0 1
1	1	0	1	0	◀ 1+1+0→1 0
0	0	1	0	1	◀ 0+0+1→0 1
0	1	1	1	0	◀ 0+1+1→1 0
1	0	1	1	0	◀ 1+0+1→1 0
1	1	1	1	1	◀ 1+1+1→1 1

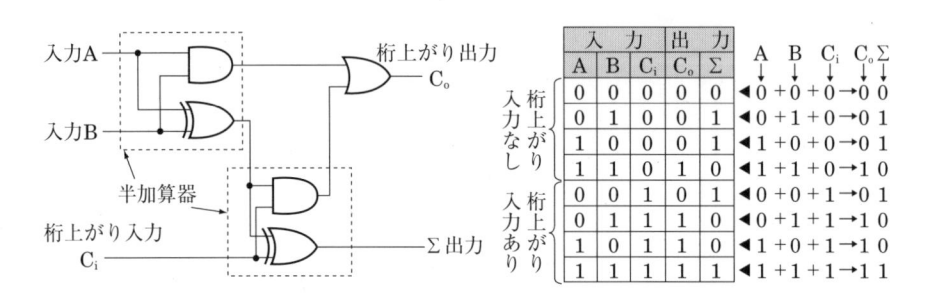

図 7.8 全加算器

❷ 2進数の加算

(1) n ビット加算器

全加算器をカスケード接続することにより，加算可能な桁数を増やすことができる。LSB は，前の桁からの桁上がりが不要なので，桁上がり入力を 0 に固定するか半加算器を使用する。

(2) 加減算器

図 7.10 に**加減算器**を示す。制御信号 A/S が 0 のときは加算を行い，A/S が 1 のときは，$A_3A_2A_1A_0 - B_3'B_2'B_1'B_0'$ の減算を行う。A/S が 0 のときは，4 個の EXOR は信号 $B_3' \sim B_0'$ をそのまま出力し，また最下位桁の桁上がり入力も 0 となるので，図 7.9 の加算回路と同様に働く。一方，A/S が 1 のときは，4 個の EXOR は信号 $B_3' \sim B_0'$ のそれぞれの否定を出力し，最下位の桁上がり入力 C_i を 1 にするので，$B_3' \sim B_0'$ は 2 の補数（マイナス 1 を乗じた値）として加算され，減算が行われる。

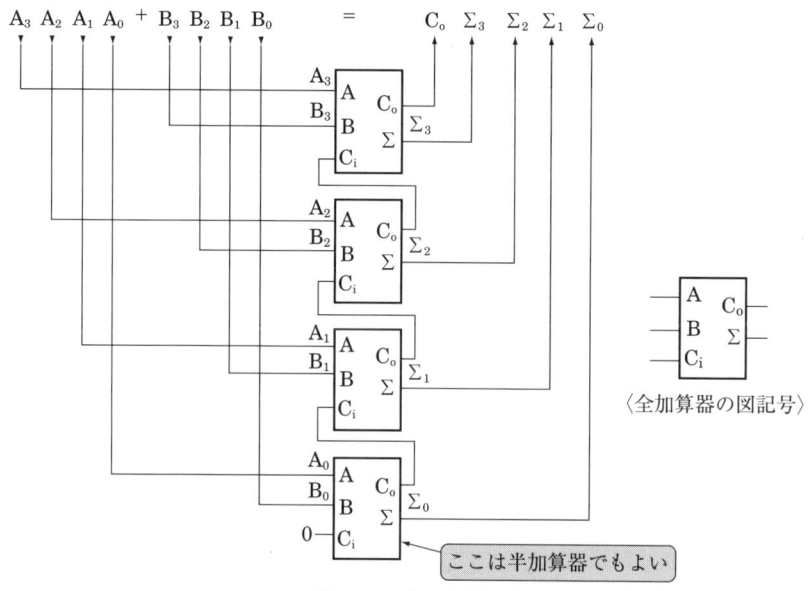

図7.9　4桁の加算回路

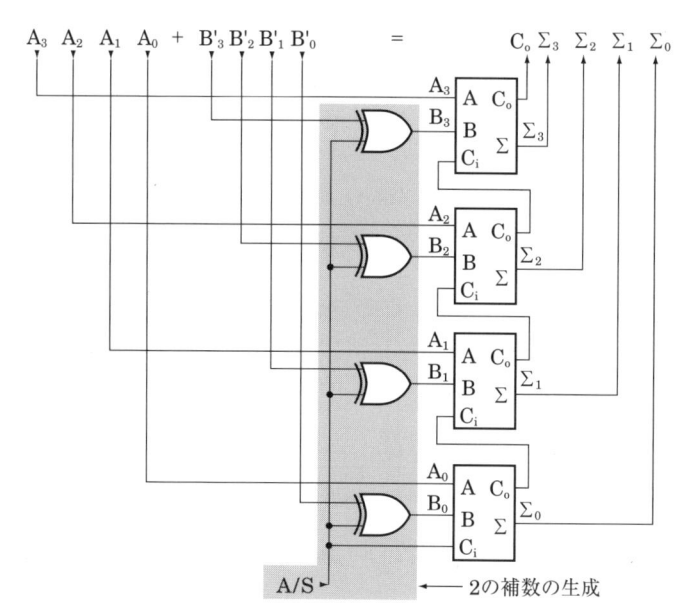

ここは半加算器でもよい

〈全加算器の図記号〉

図7.10　4桁の加減算回路

A/S　2の補数の生成

7.2 加算器　103

❸ キャリ回路

図 7.9 に示すカスケード型の加算器において，キャリは，LSB から MSB へ向けて順に決定されていく（リップルキャリ方式）。そのため，演算桁数が増えるに従って，キャリ生成に伴うゲート遅延が増大してしまう。このように回路中の遅延が最も大きくなる信号経路を**クリティカルパス**（critical path）と呼ぶ。

これに対して，図 7.11 に示す**キャリルックアヘッド**（carry look-a head）回路では，キャリ生成を並列に行うため，リップルキャリ方式に比べて回路は複雑になるが高速に動作する利点がある。

A	A_3	A_2	A_1	A_0
B	B_3	B_2	B_1	B_0

$(A_3 A_2 A_1 A_0)_2 + (B_3 B_2 B_1 B_0)_2$ の結果，最上位桁のキャリが生じる条件を ①〜④に示す

①
A	1	−	−	−
B	1	−	−	−

②
A	どちらか1	1	−	−
B		1	−	−

③
A	どちらか1	どちらか1	1	−
B			1	−

④
A	どちらか1	どちらか1	どちらか1	1
B				1

(a) キャリ生成条件

$$C = \underbrace{(A_3 \cdot B_3)}_{①} + \underbrace{(A_2 \cdot B_2)(A_3 + B_3)}_{②}$$
$$+ \underbrace{(A_1 \cdot B_1)(A_2 + B_2)(A_3 + B_3)}_{③}$$
$$+ \underbrace{(A_0 \cdot B_0)(A_1 + B_1)(A_2 + B_2)(A_3 + B_3)}_{④}$$

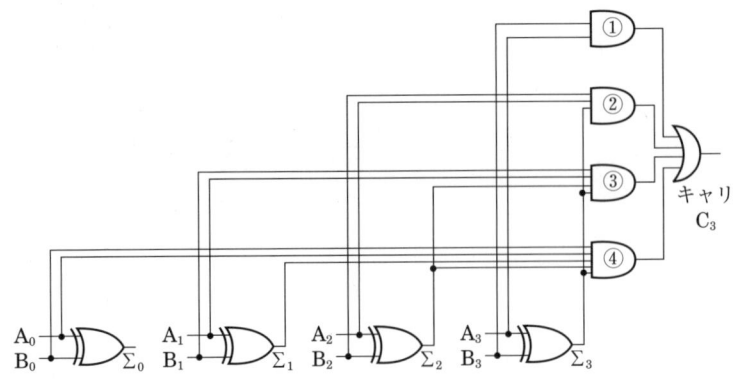

(b) 論理式

(c) 論理回路図

図 7.11 キャリルックアヘッド回路（4 ビット）

7.3 レジスタとシフトレジスタ

❶ レジスタ

レジスタ(register)は，演算データや命令などを一時的に蓄える回路である。
(1) Dラッチによるレジスタ

図 7.12 にDラッチによる4ビットのレジスタを示す。ゲート信号 G が 1 の場合は，入力データをそのまま出力へと伝達し，ゲート信号 G が 0 の場合は，取り込んだデータを保持し出力する。非同期データを扱う場合に用いられる。

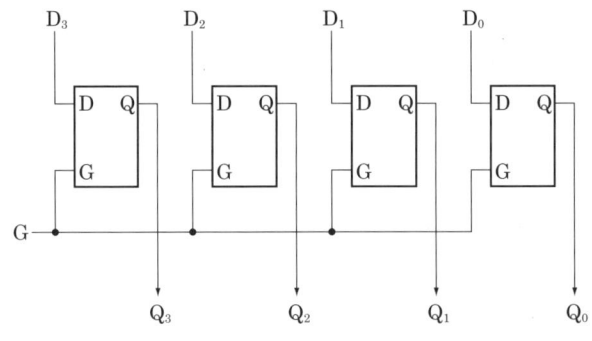

図 7.12　Dラッチによるレジスタ

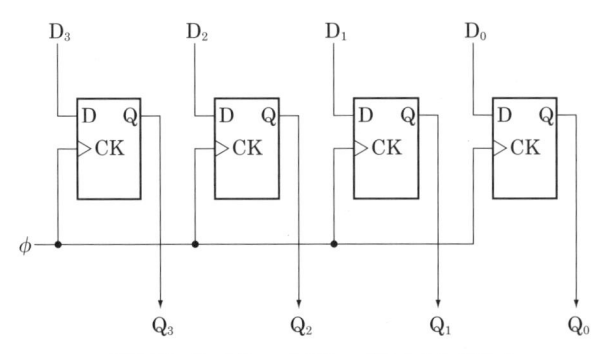

図 7.13　Dフリップフロップによるレジスタ

(2) Dフリップフロップによるレジスタ

図7.13にDフリップフロップによる4ビットのレジスタを示す。クロックϕが入力（図の場合は立上がり）された時点のデータを取り込み，出力する。同期式回路に用いられる。

(3) ストローブ付きレジスタ

図7.14にストローブ付き4ビットレジスタを示す。ストローブ信号Sが1のときのみ，入力データをレジスタ入力へ伝達する。ストローブ信号Sが0のときは，クロック入力によりすべてのフリップフロップがリセットされる。

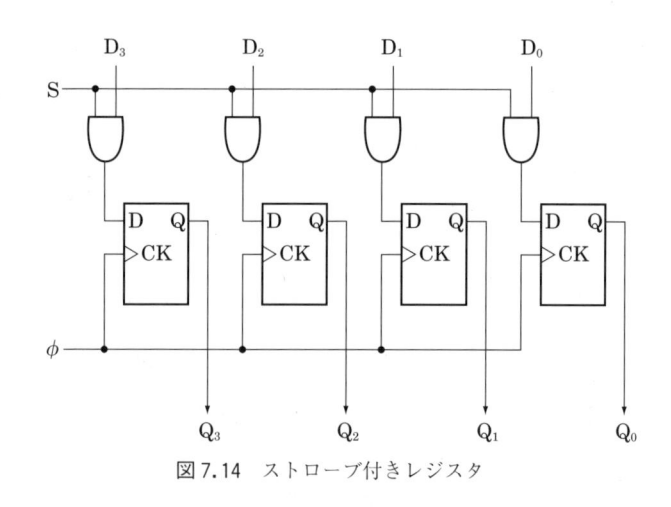

図7.14 ストローブ付きレジスタ

❷ シフトレジスタ

シフトレジスタ（shift register）は，レジスタのデータを隣のレジスタにシフトする機能をもつ。データの入力方法によって，**直列入力型**と**並列入力型**，データのシフト方向によって，**左シフト型**と**右シフト型**とに分類される。

(1) 直列入力型シフトレジスタ

図7.15に**直列入力右シフト型シフトレジスタ**を示す。クロックϕの立下がり

のたびにデータを右（MSB から LSB の方向）に 1 ビットシフトする。

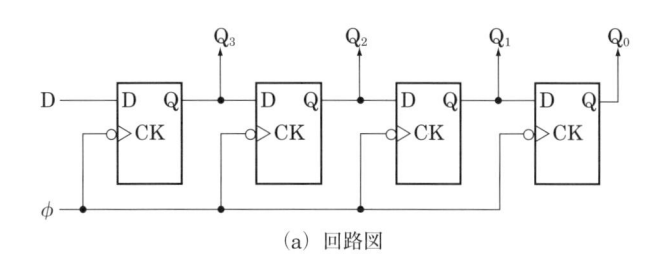

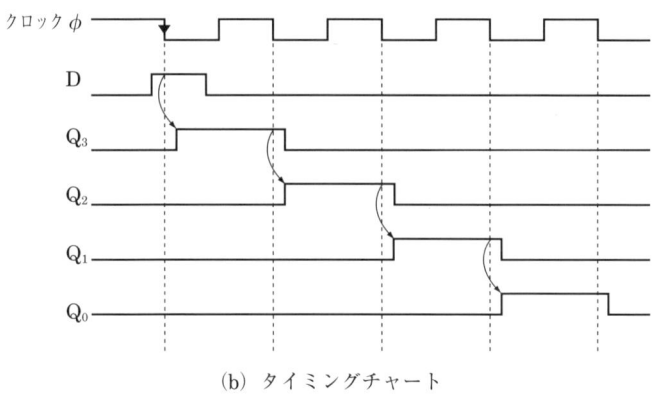

(a) 回路図

(b) タイミングチャート

図 7.15 直列入力右シフト型シフトレジスタ

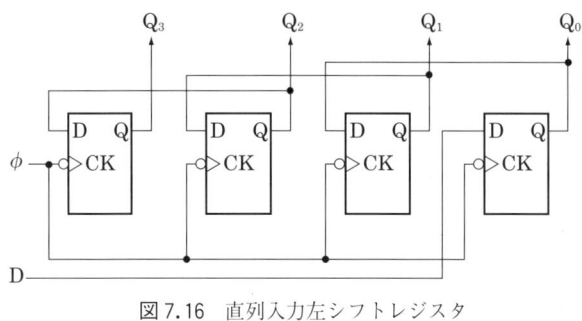

図 7.16 直列入力左シフトレジスタ

図 7.16 に直列入力左シフト型シフトレジスタを示す。クロック ϕ の立下がりによって，データを左（LSB から MSB の方向）に 1 ビットシフトする。

(2) 並列入力型シフトレジスタ

図 7.17 に並列入力型シフトレジスタを示す。並列入力型のシフトレジスタは，シフトモードとロードモードをもつ。それぞれのモードの選択は，フリップフロップの入力に付加された 2 入力マルチプレクサによって行われる。図 7.17 の場合は，モード制御信号 SH/$\overline{\text{LD}}$ が 1 のときにシフトモード，0 のときにロードモードとなる。ロードモードの場合は，クロック ϕ の立下がりによって，データ $D_3 \sim D_0$ をフリップフロップに取り込む。

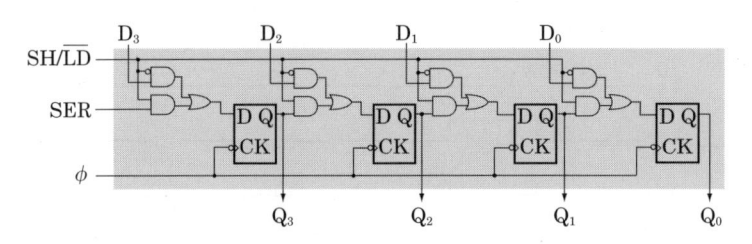

$D_0 \sim D_3$ ：並列データ入力
$Q_0 \sim Q_3$ ：並列データ出力
SH/$\overline{\text{LD}}$：1 のときは ϕ の立下がりごとにシフト動作を行う（シフト機能）
　　　　0 のときは ϕ の立下がりで $D_0 \sim D_3$ のデータを取り込む（ロード機能）
SER　　：シフト動作を行うときの直列入力（初段のフリップフロップの入力）

図 7.17　並列入力型シフトレジスタ

❸ シフトレジスタの応用

シフトレジスタは，レジスタとしてデータを蓄えるほかに，直列／並列データ変換，信号の遅延，乗・除算に用いることができる。

(1) 直列／並列変換

直列入力並列出力のシフトレジスタを用いて，1 ビットずつ連続的に入力されたデータを並列データとして出力し，直列データを並列データに変換することができる（図 7.18 (a)）。

図7.18 直列/並列変換

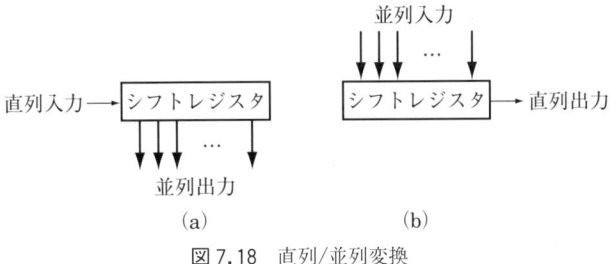

並列入力のシフトレジスタでは，ロードした並列データを連続した直列データとして出力する（図7.18（b））。

(2) 信号の遅延

直列入力されたデータは，シフトレジスタの段数分のクロック入力によって，最終段より出力される。このことを利用して，信号を遅延させることができる。

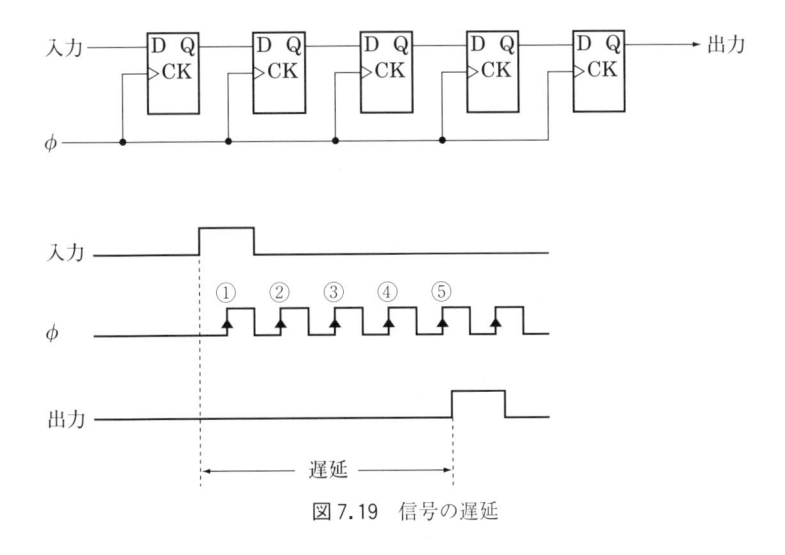

図7.19 信号の遅延

(3) 乗・除算

データのシフトは，2進数における桁の移動を意味する。すなわち，左に1ビ

7.3 レジスタとシフトレジスタ　　109

ットシフトすることは，2を掛けることに等しく，右に1ビットシフトすることは2で割ることに等しい。

7.4 乗算器，除算器

❶ 繰返しによる乗算

図7.20に筆算で2進数の乗算を行う手順を示す。被乗算数（A：5）に対して乗算数（B：10）のLSBからMSBへ向かって1ビットずつチェックし，1の場合のみ，該当する桁にシフトされた被乗算数Aの値を加算する。

```
        0 1 0 1      ←――――  A  (5)
     ×) 1 0 1 0      ←――――  B  (10)
        0 0 0 0      ←――――  0 1 0 1 ×         0
        0 1 0 1      ←――――  0 1 0 1 ×       1 0
      0 0 0 0        ←――――  0 1 0 1 ×     0 0 0
   +) 0 1 0 1        ←――――  0 1 0 1 × 1 0 0 0
      0 1 1 0 0 1 0
```

図7.20　5×10＝50の乗算例

図7.20に示す処理は，図7.21に示すようにシフト操作と加算を用いて実現される。

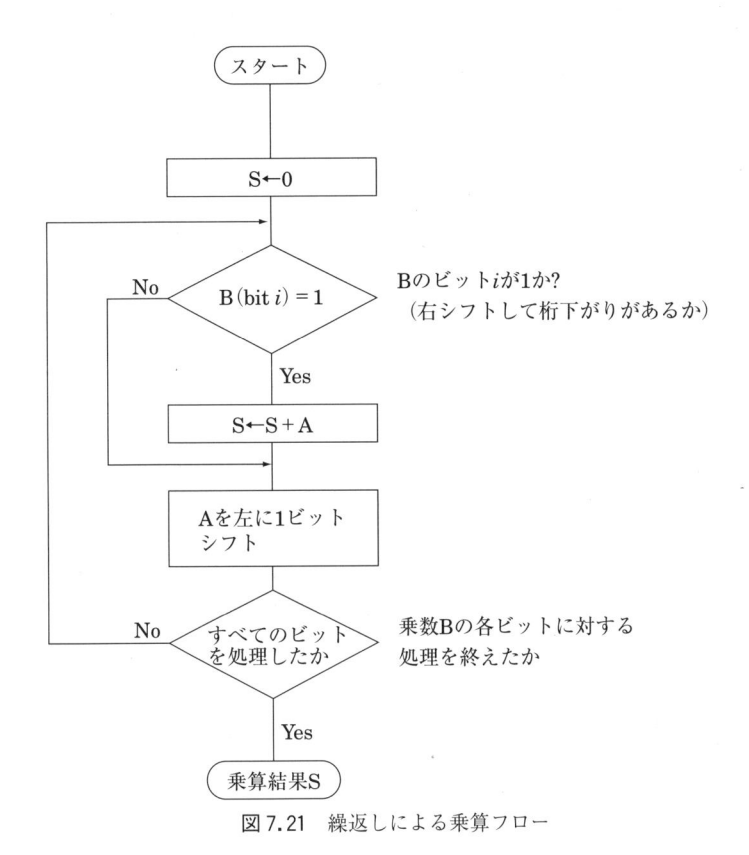

図 7.21　繰返しによる乗算フロー

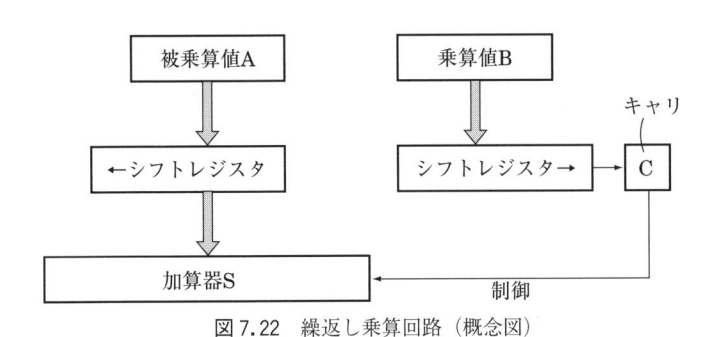

図 7.22　繰返し乗算回路（概念図）

7.4　乗算器，除算器

❷ アレイ乗算

アレイ乗算は，繰返し乗算における各位の計算を，並列に行うものである。

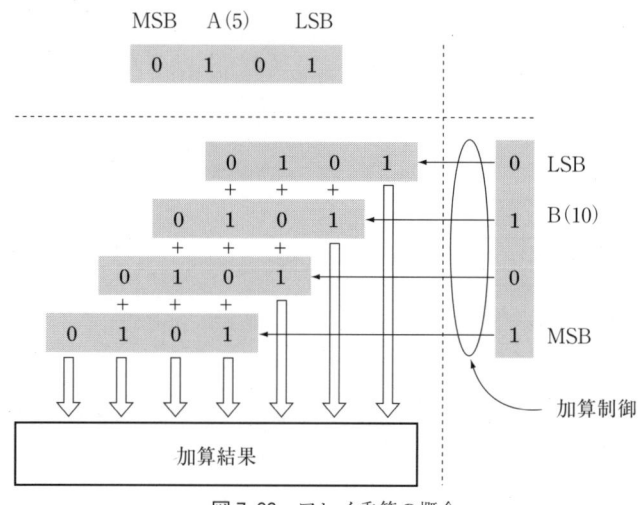

図7.23 アレイ乗算の概念

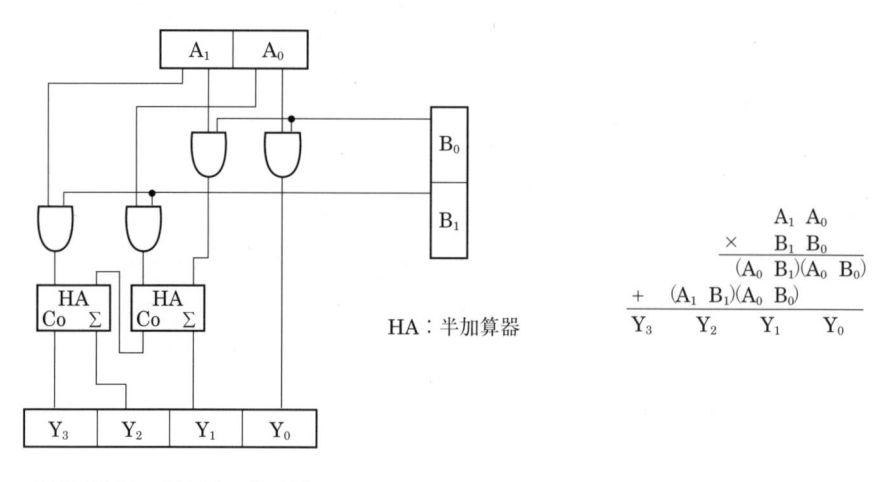

図7.24 2×2ビットアレイ乗算器

HA：半加算器

$(Y_3 Y_2 Y_1 Y_0) = (A_1 A_0) \times (B_1 B_0)$

$$
\begin{array}{r}
A_1\ A_0 \\
\times\ B_1\ B_0 \\
\hline
(A_0\ B_1)(A_0\ B_0) \\
+\ (A_1\ B_1)(A_1\ B_0) \\
\hline
Y_3\quad Y_2\quad Y_1\quad Y_0
\end{array}
$$

図 7.23 にアレイ乗算の概念を示す．アレイ乗算では，組合せ回路を用いて，それぞれの位の計算（部分積）を並列に行うため回路規模が大きくなるが，高速に演算できる利点がある．

❸ 繰返しによる除算

繰返し除算では，図 7.25 に示すように，被除数に対して，除数をそれぞれの位に合わせながら，**MSB** から **LSB** に向かって繰り返し減算し，商を求める．

繰返し除算器は，シフトレジスタ，減算器，比較器（減算結果の符号判定）により構成される．

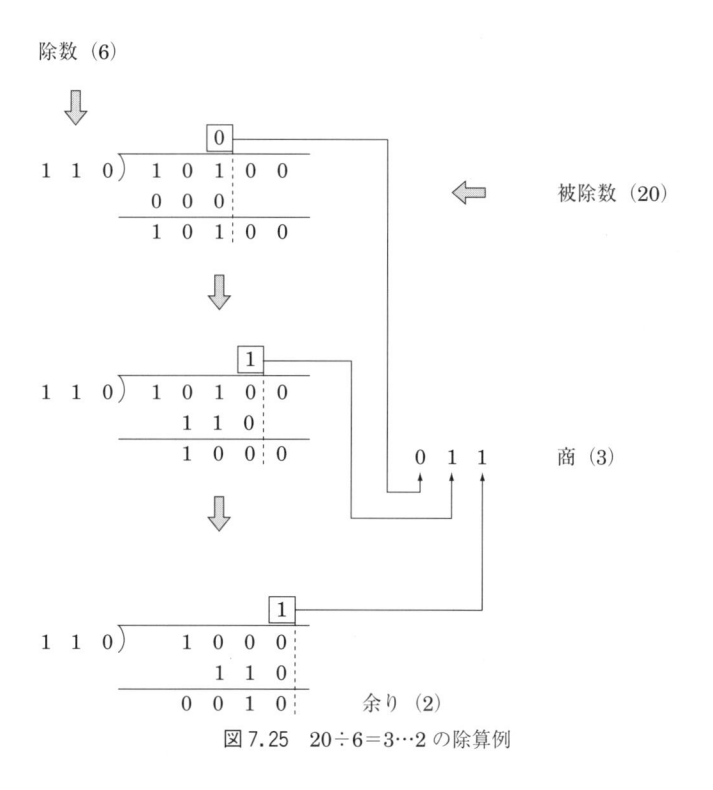

除数（6）

```
       0
1 1 0 ) 1 0 1 0 0        ⇐ 被除数（20）
        0 0 0
        1 0 1 0 0
```

```
          1
1 1 0 ) 1 0 1 0 0
          1 1 0
          1 0 0 0        0 1 1   商（3）
```

```
            1
1 1 0 ) 1 0 0 0
            1 1 0
            0 0 1 0      余り（2）
```

図 7.25　$20 \div 6 = 3 \cdots 2$ の除算例

● 演習問題 ●

[1] 次の2進データに対する奇数パリティビットを求めよ。
　　(1)　0101 1011　　(2)　1101 1110　　(3)　0110 1010
[2] クリティカルパスについて説明せよ。
[3] パリティチェッカの構成に関して，線形カスケード接続方式と三角形カスケード接続方式を比較し，それぞれの利点と欠点を述べよ。
[4] 次の装置の論理回路構成を示せ。
　　(1) 半加算器
　　(2) 全加算器
　　(3) 線形カスケード接続による4ビット奇数パリティチェッカ
　　(4) 三角形カスケード接続による4ビット奇数パリティチェッカ
　　(5) J・Kフリップフロップを用いた4ビットの直列入力右シフト型シフトレジスタ

第8章
主記憶装置と入出力装置

主記憶装置は，半導体メモリによって構成される。本章ではコンピュータシステムにおける主記憶装置の役割と構成について，半導体メモリを中心に解説する。また入出力装置として補助記憶装置を取り上げ，その特性と制御方式を解説する。

8.1 記憶階層

　コンピュータシステムにおいて，記憶装置は，読み書きが速く，大容量の記憶が行われることが望まれる。しかし，一般的に記憶装置は，高速になるほどビット当たりの単価が高くなるため，コストの面よりすべて高速のもので構成することは困難である。

　そこで，図 8.1 に示すように，コンピュータシステムにおいては，階層的に記憶部が構成されている。

　記憶階層中で最も高速な記憶部は，CPU 内のレジスタである。レジスタは，D フリップフロップなどの論理回路で構成される。高速であるが記憶容量が少ないため，演算等に使われるデータを一時的に格納する用途で用いられる。

　メインメモリ（主記憶装置）は，半導体メモリ（IC メモリ）で構成され，パーソナルコンピュータなどの一般的なコンピュータでは **DRAM**（dynamic

```
          高速
   KB                    ns
           ↑
         レジスタ
        キャッシュ
         メモリ
        メインメモリ
       補助記憶装置
      （ハードディスクなど）
   ↓                    ↑
   GB                   ms
          大容量
```

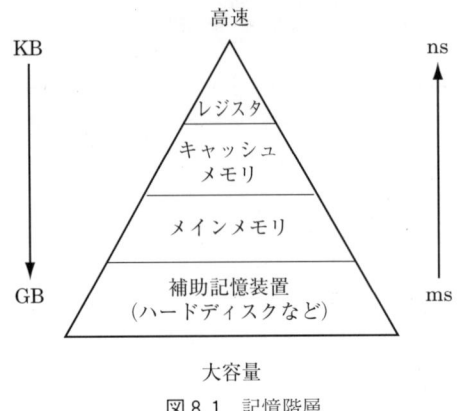

図 8.1　記憶階層

RAM）が用いられる。

　キャッシュメモリは，CPU とメインメモリとの速度差を緩衝する目的で用いられる高速のメモリで，通常は高速 **SRAM**（static RAM）で構成される（詳しくは，9 章の「コンピュータの高速化技術」にて解説する）。

　コンピュータの **OS**（operating system）やアプリケーションプログラムなどは膨大なデータ量のため，ハードディスク（hard disc）装置などの**補助記憶装置**に保存し，必要に応じてメインメモリに呼び出されて使用される。補助記憶装置には，**CD**（compact disc），**DVD**（digital video disc/digital versatile disc），**MT**（magnetic tape），**MO**（magnetic optical）ディスクなども用いられる。FD（floppy disc）やメモリカードなども補助記憶装置に分類されるが，主にデータの移動に用いられる。

　これらの補助記憶装置（auxiliary storage）は，**外部記憶装置**（external storage/external memory）とも呼ばれる。

8.2 メモリの基本構成と特性

❶ メモリの基本構成

図 8.2 にメモリの基本構成を示す。

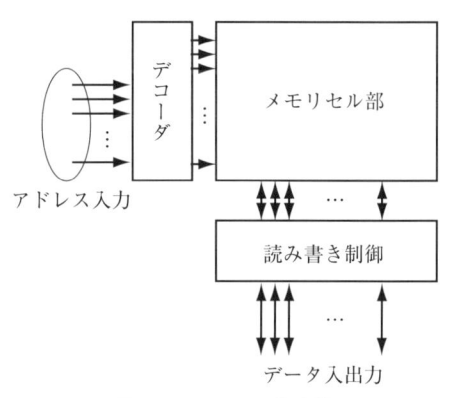

図 8.2 メモリの基本構成

データは，メモリセルと呼ばれる記憶部に格納され，格納可能な最大記憶容量を用いて，4 Mbit メモリなどと呼ばれる。メモリセル部のデータの格納位置は，アドレスで指定され，デコーダはアドレスの入力を受けて，アドレスに対応するメモリセルを指定する。データの読み書きは，データ入出力を用いて行う。一般的には入力信号と出力信号を同一のデータ線で行う **I/O バスライン方式**が用いられる。I/O バスライン方式はデータ線の本数を節約できるという利点があるが，入力と出力の切り替え回路や切り替えタイミングの考慮を必要とする。データ線の本数によって 4 I/O，8 I/O などと呼ばれる。

❷ メモリの特性

メモリの主な特性には，記憶容量，動作時間，消費電流などの要素がある。

(1) 記憶容量

記憶容量（storage capacity）は，記憶可能な最大データ量を示し，単位にバイト（B）が用いられ，通常はKB，MB，GBなどで表される。アドレスが2進数で指定されるため，記憶容量は2の乗数を基本とする。例えば，アドレス数が10で4 I/Oの場合は，$2^{10}=1024$通りの記憶位置に対してそれぞれ4ビットのデータが格納されるので，$1024 \times 4 = 4096$ビットの記憶容量を有する。一般的には$2^{10}=1024$を1Kとして，記憶容量を表す。4096ビットの場合は$4096/1024 = 4$Kビットとなる。

(2) 動作時間

メモリとCPUとの間でデータを読み書きする時間を**動作時間**といい，動作の速さを示す尺度として**アクセスタイム**（access time）と**サイクルタイム**（cycle time）が用いられる。アクセスタイムは，メモリに読み出し（書き込み）指示を与えてから動作が完了するまでの時間をいう。サイクルタイムは，連続して読み出し（書き込み）動作が行える最小サイクルタイムを意味する。最小サイクルタイムを**最大動作周波数**として示す場合もある。

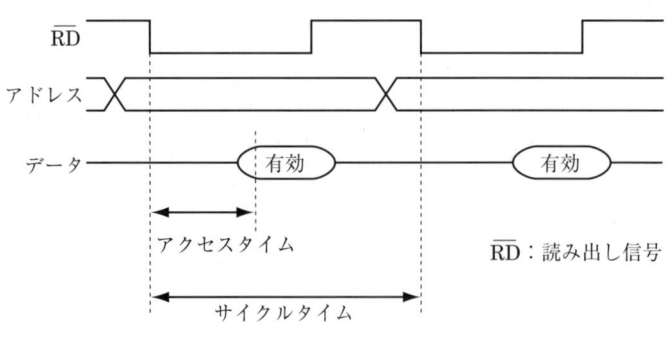

図 8.3 アクセスタイムとサイクルタイム

(3) 消費電流

メモリの**消費電流**は，**待機電流**（DC電流）と**動作電流**（AC電流）とに分けられる。待機電流は，メモリの入出力信号を変化させず，定常的に流れる直流電

流値を示す。

　動作電流は，読み出し時や書き込み時の平均電流値やピーク電流値を示し，動作モードによって値は異なる。

8.3 メモリの分類

　メモリは，その読み書きの方式や記憶部であるメモリセルの構成によって分類される。図8.4にICメモリの分類を示す。

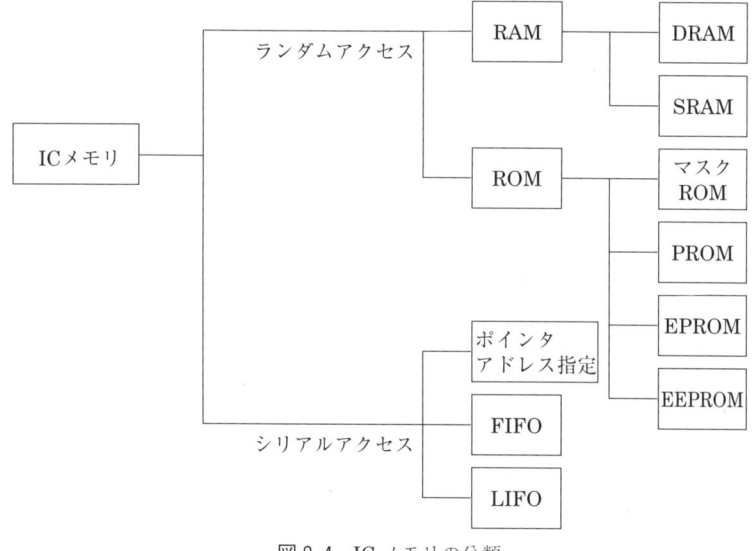

図8.4　ICメモリの分類

❶ ランダムアクセスとシリアルアクセス

　メモリセルのデータをアクセスする方式として，ランダムアクセス（random access）方式とシリアルアクセス（serial access）方式がある。ランダムアクセス方式では，アクセスのたびにアドレスを与え，どのアドレスに対しても任意に

アクセスすることができる。これに対してシリアルアクセス方式では，連続するアドレスのデータを順次アクセスする。シリアルアクセス方式には，もとになる**ポインタアドレス**（先頭アドレス等）を与えた後，制御信号によって順次アクセスを行うものや，**FIFO**（first-in first-out）や**LIFO**（last-in first-out）などのアドレスを用いないものがある。

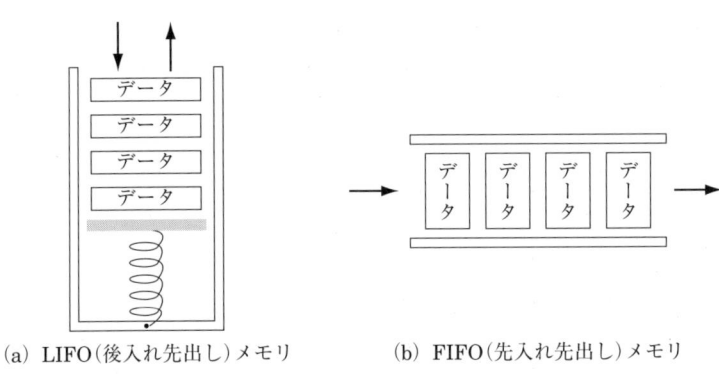

(a) LIFO（後入れ先出し）メモリ　　(b) FIFO（先入れ先出し）メモリ

図 8.5　FIFO と LIFO

　主記憶装置には，ランダムアクセス方式のメモリが用いられ，シリアルアクセス方式のメモリは，データの一時的格納等に用いられる。また，データメモリとして用いられるフラッシュメモリ等では，ランダムアクセスとシリアルアクセスを組み合わせた方式のものもある。

❷ RAM

　IC メモリでは，一般に読み書きが可能なものを **RAM**（random access memory），読み取り専用のものを **ROM**（read only memory）と呼び，RAM は，メモリセルの構造によって **DRAM**（dynamic RAM）と **SRAM**（static RAM）とに分けられる。図 8.6 に DRAM メモリセルの基本構成例を示す。

　DRAM のメモリセルは，1 個の MOSFET（図中 Tr）とコンデンサ（図中 C）

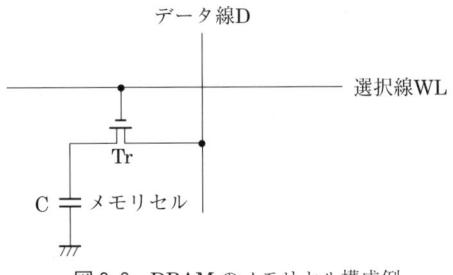

図8.6 DRAMのメモリセル構成例

から構成される。Cが記憶素子で，Trはスイッチの役割をする。コンデンサの"充電状態"と"放電状態"との2通りの状態を2進数の1ビットとして記憶すし，例えば，充電状態を"1"，放電状態"0"とする。充電されたコンデンサは時間の経過により放電してしまうので，コンデンサの充電状態を正常に戻すために，一定時間ごとにリフレッシュ（refresh）と呼ばれる内部的再書き込みを行う必要がある。

DRAMのメモリセルは，集積度を高めるために数10 fF（フェムトファラド：10^{-15}F）の容量しかないため，読み出し時はわずかな電気的情報しか得られない。そのため，センスアンプ（sense amplifier）と呼ばれる微弱信号増幅回路を用いてディジタル信号値として必要な電圧幅に増幅する（図8.7）。

DRAMは，SRAMに比べてアクセスタイムは遅いが，メモリセルの構造が単純で，1ビット当たりの単価が安いために，大容量を必要とする主記憶装置に主に用いられる。

SRAMのメモリセルは，図8.8のように1ビット当たり1個のフリップフロップで構成される。

抵抗（R_1，R_2），MOSFET（Tr_1，Tr_2）で構成されるフリップフロップによりデータを記憶する。例えば，図の接点aがHレベルの場合，Tr_1がONとなり，接点bはLレベルとなる。このためTr_2はOFFになり，接点aはHレベルを保持する。Tr_3とTr_4はスイッチであり，選択線WLの電圧のレベルを高くすると導通となる。

8.3 メモリの分類

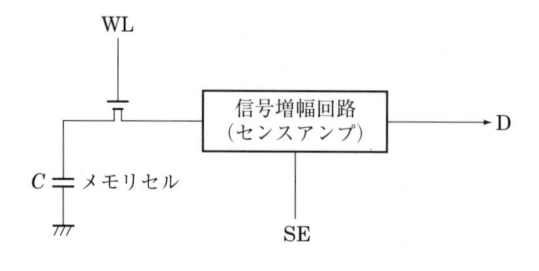

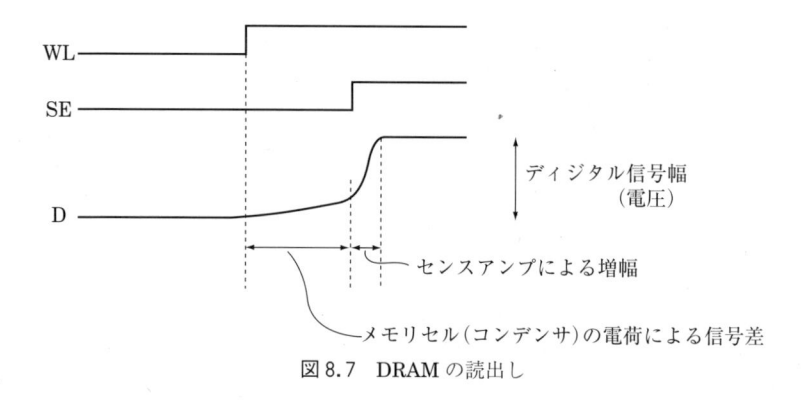

図 8.7　DRAM の読出し

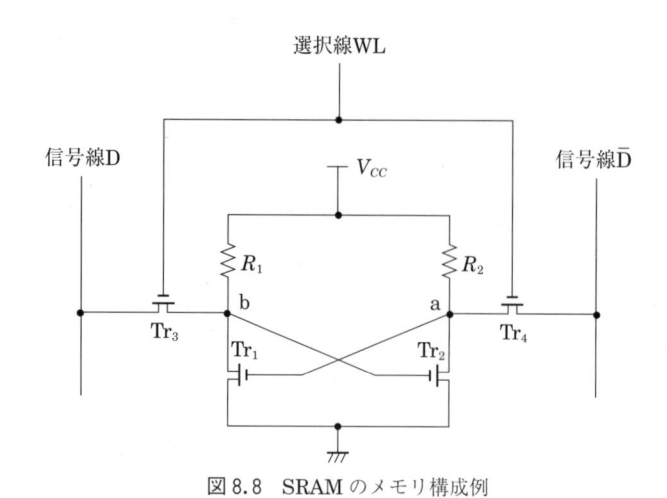

図 8.8　SRAM のメモリ構成例

メモリセル自身が電流を流すことができ，データが電気的に安定しているため，アクセスタイムが高速であり，キャッシュメモリなどに使用される。また，DRAMに比べ，消費電力が少なく電池によるデータの保持が可能なため，携帯型コンピュータなどに使用される。

DRAM や SRAM のように，電源を切るとデータを消失してしまうメモリを**揮発性メモリ**（volatile memory）と呼ぶ。

❸ ROM

ROM は読み取り専用メモリであり，**不揮発性**（non volatile）メモリセルを使用するため，電源を切ってもデータは保持される。マスク ROM，PROM，EPROM，EEPROM などがあり，書き換え可能なものであっても，書き込み時に制限があるため，一般には ROM と呼ばれる。

マスク ROM（mask ROM）は，その製造工程において，あらかじめデータをつくり込んでおくもので，ユーザがデータを書き込むことはできない。

PROM（programmable ROM）は，ユーザが ROM 書き込み装置（ROM writer）によりデータを書き込むことができる。一度しか書き込めないことより**ワンタイム ROM** とも呼ばれる。

EPROM（erasable PROM）は，データの消去が可能な PROM であり，ユーザがデータを書き換えて繰り返し使用できるものである。一般的にガラスの窓から紫外線を当てることによってデータを消去するものを EPROM と呼び，電気的にデータを消去できる EPROM を **EEPROM**（electrically EPROM）と呼ぶ。代表的な EEPROM に，データブロックまたはチップ単位で一括してデータの消去を行う**フラッシュメモリ**（flash memory）がある。フラッシュメモリで構成した補助記憶装置は，小型で高速であるため，デジタルカメラなどの記憶装置などに使用される。

8.4 入出力装置

❶ 入出力装置と補助記憶装置

　代表的な入出力装置として，キーボードやマウスなどの入力装置やディスプレイやプリンタなどの出力装置がある。また，ハードディスク装置などの補助記憶装置も入出力装置として扱うことができる。代表的な入出力装置を表8.1に示す。

表8.1　代表的な入出力装置

装置	入/出力	入出力の対象	補足
キーボード	入力	文字	key board
マウス トラックボール ジョイスティック	入力	移動量	mouse track ball joy stick
タブレット タッチパネル	入力	位置（座標）	tablet touch panel
スキャナ デジタルカメラ	入力ー	画像	scanner digital camera
デジタルビデオ	入力	動画	digital video
サウンドボード	入力	音声	sound board
ディスプレイ （CRT，LCD，PDP）	出力	文字，画像，動画	display cathode ray tube liquid crystal display plasma display panel
プリンタ （レーザ，インクジェット，熱転写）	出力	文字，画像	printer laser beam ink jet thermo electric
磁気ディスク （ハードディスク，フロッピーディスク）	入出力 （補助記憶）	データ	magnetic disk hard disk floppy disk
磁気テープ （DAT）	入出力 （補助記憶）	データ	magnetic tape digital audio taperecorder
光ディスク （MO，CD，DVD）	入出力 （補助記憶）	データ	magneto-optics compact disc digital video disc
メモリカード （コンパクトフラッシュ，スマートメディア，メモリスティック，SDカード）	入出力 （補助記憶）	データ	compact flash smart media memory stick secure digital-memory card

❷ ハードディスク装置の特性

代表的な補助記憶装置として，ハードディスク装置を取り上げ，その特性について解説する。

(1) ハードディスクドライブの構成

ハードディスクドライブ（**HDD**：hard disk drive）は，現在普及しているディスクドライブの中で一番高速であり接続方法により，IDE（integrated drive electronics），SCSI（small computer system interface）などの種類がある。

図 8.9 に示すように，表裏に磁性材料を塗付した複数のディスクを高速に回転させ，ディスクごとに用意された磁気ヘッドを使用して，データの読み書きを行う。

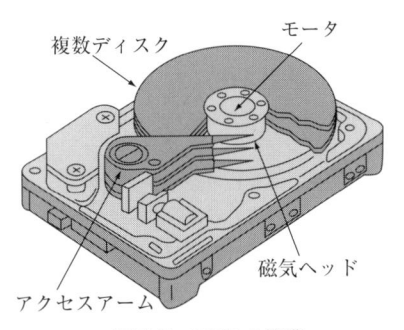

図 8.9　HDD の機構

各ディスクは両面記録できるが，一般に一番上のディスク上面と一番下のディスクの下面は保護面のために記録はできない（最近の小型コンピュータ用のもので，これらの面に記録可能なものもある）。したがって，n 枚のディスクに記録できる面は，$2n-2=2(n-1)$ である。

各ディスク面には，1 つずつ磁気ヘッドが設けられており，アクセスアームにより一体となってディスク面を移動して読み書きされる。

読み書きは，ディスクの同心円上に記録され，1 つの円を**トラック**といい，外側から順にトラック番号　0，1，2，…と番号が付けられる（図 8.10 参照）。

8.4　入出力装置

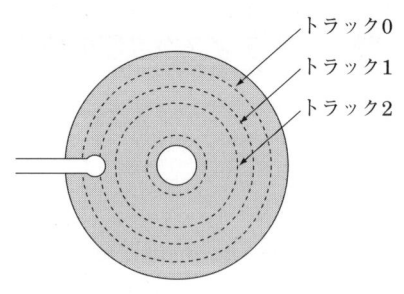

図8.10 ディスクへの記録

　外側のトラックと内側のトラックでは，円周は異なるが記録できる量（**レコード数**）は一般的には同じである。

　各ディスクにおいて，磁気ヘッドは同一のトラックに位置するため，ハードディスクにはディスクの枚数に応じた同一のトラックが存在することになる。このような同一トラックによってできる円筒を**シリンダ**といい，シリンダの数は，トラック番号と同じだけ存在する（図8.11参照）。

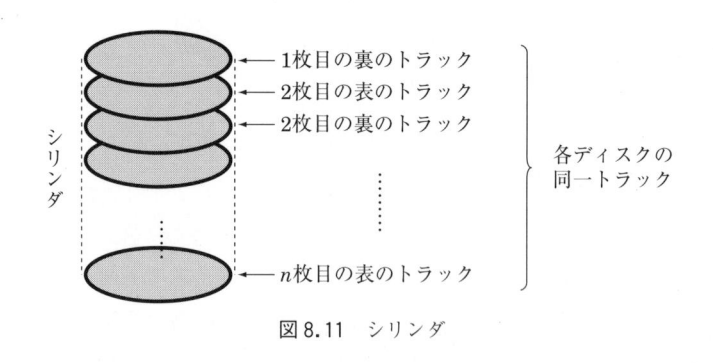

図8.11 シリンダ

　磁気ディスクへのアクセスは，シリンダの選択，シリンダ内のトラックの選択，トラック内のレコードの選択という動作によって行われ，同一シリンダ内のトラックへのアクセスには，ヘッドの移動を必要としない。

(2) ハードディスクへのアクセス

　ディスクへのアクセスは，シリンダ，トラック，レコードの選択動作によって

行われ，指定されたシリンダへアクセスアームを移動するのに要する時間を**シーク時間**（または**ポジショニング時間**）という。指定されたトラックのレコードが回転して磁気ヘッドの真下にくるまでの時間を**回転待ち時間**（または**サーチ時間**）という（図 8.12 参照）。

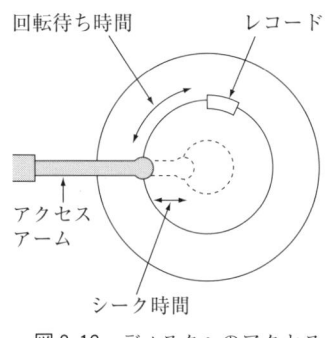

図 8.12　ディスクへのアクセス

この 2 つの時間の和を**位置決め時間**といい，磁気ディスクへのアクセス時間は次のようになる。

アクセス時間＝位置決め時間＋データ転送時間
　　　　　＝シーク時間＋回転待ち時間＋データ転送時間

回転待ち時間は図 8.13 のように，アクセスするレコードの位置によって最大と最小で大きな差が生じるため，一般に最大回転待ち時間（回転時間）の 1/2 を**平均回転待ち時間**として用いる。

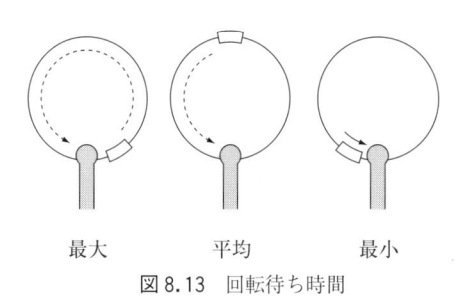

図 8.13　回転待ち時間

(3) データ転送時間

データ転送速度〔バイト/秒〕は，1秒間に何バイト読み書きできるかを表すもので，次の式で求められる。

$$データ転送速度〔バイト/秒〕=\frac{トラック容量〔バイト〕}{回転時間〔秒〕}$$

$$=トラック容量〔バイト〕×回転速度〔回転/秒〕$$

また，データを転送する時間は，次のようになる。

$$データ転送時間〔秒〕=\frac{転送バイト数〔バイト〕}{データ転送速度〔バイト/秒〕}$$

(4) 記憶容量

磁気ディスクには，磁気テープのように起動・停止のための**ブロック間隔**（**IBG**：inter block gap）は存在しないが，レコードまたはブロックを記録するごとに必要な制御情報を記録するためのブロック間隔が存在する。よって，記憶容量を計算するときには，ブロック間隔を考慮する。

例えば，表8.2に示される仕様のディスク装置に，600バイト長のレコード15万件を1レコード/ブロックで記録するときの必要シリンダ数を求める。

表8.2 ハードディスクドライブの仕様1

最大記憶容量/トラック	19 000 B
ブロック間隔	150 B
トラック数/シリンダ	30 トラック
シリンダ数/ディスク	555 シリンダ

1レコード/ブロックで記録するときに必要なブロック長は，ブロック間隔を考慮して，600＋150＝750バイト（図8.14参照）。

$$\frac{1 \text{トラックの最大記憶容量}}{\text{ブロック長}}=\frac{19\,000}{750}=25.3 \Rightarrow 25 \text{ ブロック}$$

磁気ディスクには1レコード/ブロックで記録されるので，1トラック当たり

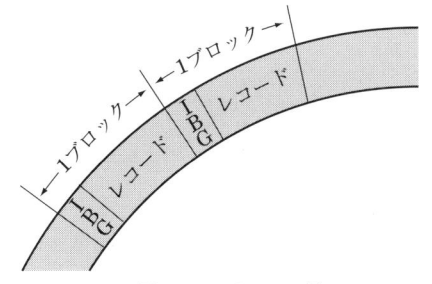

図 8.14　ブロック長

25 レコードのデータが記録されることになる。したがって，15 万件のレコードを記録するのに必要なトラック数は，150 000/25＝6 000 トラック

1 シリンダ当たり 30 トラックの仕様であるから，6 000 トラック記録するのに必要なシリンダ数は，6 000/30＝200 シリンダとなる。

(5) アクセス時間

ハードディスクドライブアクセス時間は，次のように求められる。

　　　アクセス時間＝平均位置決め時間＋データ転送時間
　　　　　　　　　＝平均シーク時間＋平均回転待ち時間＋データ転送時間

例えば，表 8.3 の仕様のハードディスクドライブにおいて，3 800 バイトのレコードが格納されているとき，このレコードのアクセス時間を求める。

表 8.3　ハードディスクドライブの仕様 2

平均シーク時間	20 ms
回転速度	3 000 rpm
最大記憶容量トラック	19 000 B

回転時間(1 回転の時間)＝1/(3 000/60)＝20 ms
平均回転待ち時間＝1/2×回転時間＝1/2×20＝10 ms
データ転送速度＝トラック容量/回転時間
　　　　　　　＝19 000/(20×10^{-3})＝950 KB/s

8.4　入出力装置

$$データ転送時間＝転送データ量/データ転送速度＝3\,800/(950\times10^3)$$
$$＝4\text{ ms}$$
$$アクセス時間＝平均シーク時間＋平均回転待ち時間＋データ転送時間$$
$$＝20(仕様より)＋10＋4＝34\text{ ms}$$

❸ 直接制御方式

入出力装置（**I/O**：input/output）の制御方式に，直接制御方式がある。直接制御方式では，CPUが直接入力装置を制御する。

(1) メモリマップI/O（memory mapped I/O）

メモリマップI/Oでは主記憶装置のアドレス領域の一部をI/O装置に割り付け，メモリ操作命令によってI/Oを制御する。

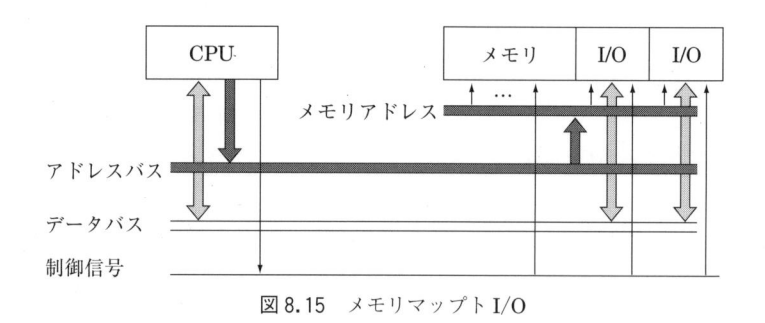

図 8.15　メモリマップI/O

(2) I/OマップI/O（I/O mapped I/O）

I/OマップI/O方式では入出力専用の命令を用いてI/O装置を制御する。そのため，I/O専用のアドレス回路や制御信号が必要となるが，メモリのアドレスに影響を及ばさないという利点がある。

これら直接制御方式では，CPUが直接I/Oを制御するため，I/O処理の時間待ちの間に，次の処理に移れないという欠点がある。このため，組込みコンピュータなどの入出力量の少ない小規模なシステムに用いられる。

❹ 間接制御方式

間接制御方式は，直接制御方式における CPU の専有などの欠点を解消するために間接的に I/O を制御する方式である。

(1) 入出力制御装置やチャネルによる制御

この方式では，**入出力制御装置**（**IOP**：input output processor）と呼ばれる LSI を経由し，間接的に制御信号およびデータの受け渡しを行う。

I/O の制御は，IOP が CPU に代わって請け負う。したがって，CPU は IOP に対して処理内容を指示した後，次の命令の処理に移ることができる。すなわち，IOP が入出力制御を行っている間にも，CPU はほかの処理を実行できるので，処理効率が高くなるという利点がある。

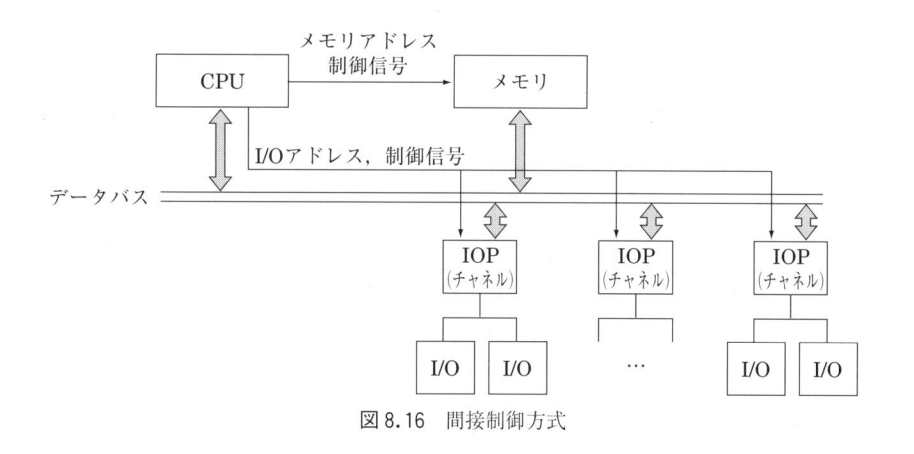

図 8.16 間接制御方式

パーソナルコンピュータでは，IOP が**チップセット**と呼ばれる LSI に組み込まれている。また，大型コンピュータでは，入出力制御装置に**チャネル**（channel）と呼ばれる入出力用のハードウェアが使用される。

(a) セレクタチャネル方式：**セレクタチャネル**（selector channel）**方式**は，図 8.17（a）のように，1 台の周辺装置が入出力動作の開始から終了まで，チャネルを占有する方式である。この転送方式を**バーストモード**（burst mode）と

いう。セレクタチャネル方式は，ハードディスクなどデータの転送速度が速い周辺装置に対して用いられる。

(b) マルチプレクサチャネル方式：マルチプレクサチャネル（multiplexer channel）方式は，複数の周辺装置がチャネルを共有し，時分割的に交互に動作させる方式である。図8.17 (b) では，A，B，C 3台の周辺装置からのデータ転送を1ブロック単位で交互に行う。この転送方式をマルチプレクスモード（multiplex mode）という。マルチプレクサチャネル方式は，データ転送が遅い周辺装置に対して用いられる。

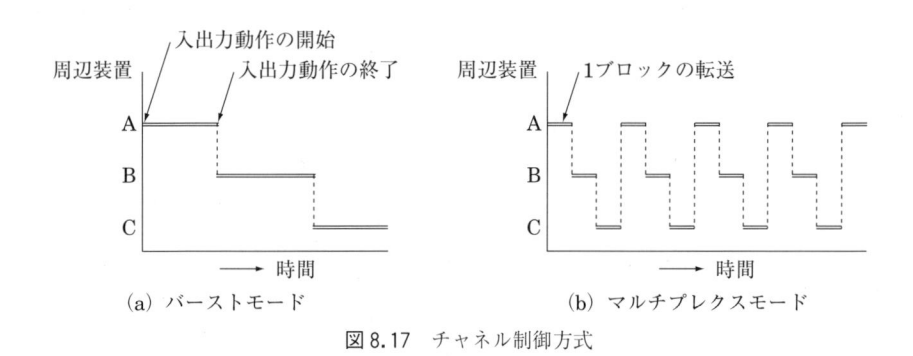

図 8.17 チャネル制御方式

(2) DMA 方式

DMA（direct memory access）方式では，I/O とメモリとのデータ転送を直接行う制御方式である。DMA 方式では，**DMA** コントローラと呼ばれる制御装置によって，データ転送が制御される。

● 演習問題 ●

[1] A_0 から A_{16} の17ビットのアドレスを有し，4 I/O 構成のメモリの記憶容量は何バイトか。
[2] 磁気ディスクが，2 400 rpm で回転しているときの最大回転待ち時間，平均回転待

ち時間はいくらか。
[3] [2]のディスクで，トラックの記憶容量が19 000バイトであるとき，データ転送速度はいくらか。また，3 800バイトのレコードを転送する場合のデータ転送時間はいくらか。
[4] 表8.2の仕様のハードディスクドライブにおいて，600バイト長のレコード15万件を10レコード/ブロックで記憶するとき，何シリンダ必要であるか。
[5] 磁気ディスク装置に関する次の記述中の空欄に入れるべき数値を答えよ。

表8.4の仕様の磁気ディスク装置に格納されているファイルを，トランザクションデータで更新する。

表8.4

平均シーク時間	30 ms
回転速度	3 000 rpm

トランザクションデータ1件当たりの処理時間（X）は，次のようになる。
　　$X =$ 参照時間＋更新時間
ここで参照時間は，
　　平均シーク時間＋平均回転待ち時間＋データ転送時間
である。
　また，参照から更新までの間にディスクヘッドの移動がないものとすると，更新時間は，
　　平均回転待ち時間＋データ転送時間
である（なお，このトランザクションデータ1件当たりのデータ転送時間は，5 msとする）。
　ディスクの1回転時間が ① ms であるから，平均回転待ち時間は ② ms，参照時間は ③ ms，更新時間は ④ ms，X は ⑤ ms となる。
　1 000件のトランザクションデータを処理するための処理時間は， ⑥ s である。
　この仕様の磁気ディスク装置から，回転速度が2倍，平均シーク時間は30 msの磁気ディスク装置に替えた場合，X は ⑦ ms であり，1 000件のトランザクションデータを処理するための処理時間は， ⑧ s である（なお，データ転送速度は，回転速度に比例するものとする）。

第9章 コンピュータの高速化技術

コンピュータを高速化する主な技術として，次の1〜4があげられる。
1. 半導体製造技術によって，トランジスタ等の素子を高速化する技術 → 製造プロセス技術
2. 個々の回路を高速化する技術 → 回路設計技術
3. 制御方式を工夫して高速化する技術 → コンピュータアーキテクチャ
4. OS，プログラム，コンパイラなどによる技術 → ソフトウェア技術

コンピュータの高速化には，これら個々の技術向上とともに相互のバランスも要求される。
本章では，コンピュータアーキテクチャの工夫による高速化技術を中心に解説する。

9.1 マルチプログラミングとキャッシュメモリ

❶ マルチプログラミング

マルチプログラミング（multi programming）方式は，主記憶装置上に複数のプログラムを配置し，入出力処理等でプログラムに待ち時間が発生した場合に，ほかのプログラムに切り替えて処理を続行する方式である。

図9.1にマルチプログラミング方式を用いずに，2つのプログラム（A，B）を実行する流れを例示する。

プログラムAおよびプログラムBにおいて，入出力処理を行っている間は，CPUに待ち時間（アイドル時間：idle time）が発生する。この例では，2つのプログラムの実行に要する時間は合計20単位時間となる。

次にマルチプログラミング方式を用いた場合を図9.2に示す。ここで，プログ

```
プログラムA
CPU処理    [  4  ]    アイドル    [ 2 ]
入出力処理              [  4  ]          （合計10）
                                    → 時間

プログラムB
CPU処理    [  4  ]   アイドル    [  4  ]
入出力処理           [ 2 ]                （合計10）
                                    → 時間
```

図 9.1 マルチプログラミング方式を用いない場合

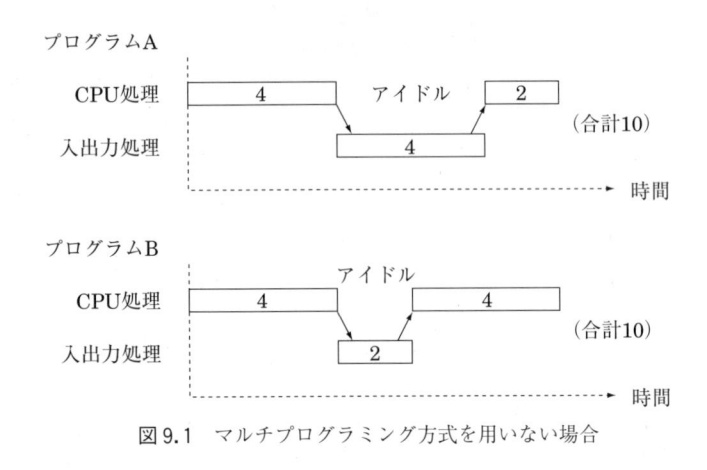

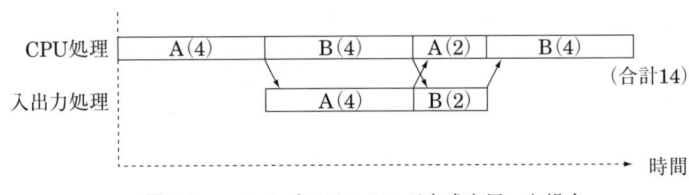

```
CPU処理    A(4)   B(4)   A(2)  B(4)
入出力処理         A(4)   B(2)         （合計14）
                                   → 時間
```

図 9.2 マルチプログラミング方式を用いた場合

ラム A，プログラム B は，図 9.1 と同じものとする。

　マルチプログラミング方式では，図 9.1 における CPU のアイドル時間を，ほかのプログラムの実行に割り当てて処理するため，CPU を効率よく使用することができる。この例では，2 つのプログラムの実行に要する時間は合計 14 単位時間であり，マルチプログラミング方式によって 6 単位時間減少される。

❷ キャッシュメモリ

(1) キャッシュメモリの役割

　コンピュータシステムにおいて，最も高速な記憶部は CPU 内のレジスタである。レジスタは演算装置内でデータを扱うデータレジスタや制御装置内で命令を

扱う命令レジスタなどがあり，これらレジスタには主記憶装置よりプログラムやデータが転送される。主記憶装置は通常 DRAM で構成されるが，CPU に比べて動作速度が遅いため CPU に待ち時間が生じてしまう。そこで，CPU と主記憶装置間に高速なメモリ素子を配置し，アクセスされる可能性の高い命令やデータを主記憶からコピーして使用する。

このように使われる主記憶よりも小容量であるが高速なメモリを**キャッシュメモリ**（cache memory）と呼ぶ。キャッシュメモリには高速 SRAM が使われることが多い。キャッシュメモリを用いることによって見かけ上，主記憶装置が高速になり，平均アクセス速度は向上する。

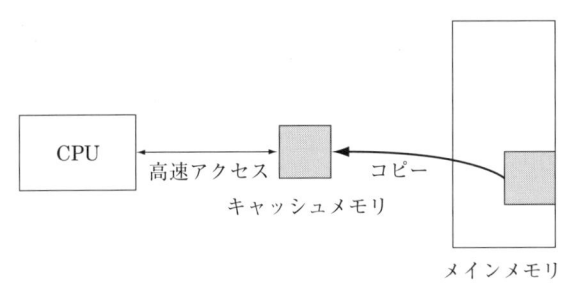

図 9.3 キャッシュメモリの概念

高性能なコンピュータシステムでは，キャッシュメモリをデータ用と命令用とに分けて構成することが多い。また，キャッシュメモリを階層化し，CPU 側から **1 次**（primary/level 1）キャッシュメモリ，**2 次**（secondary/level 2）キャ

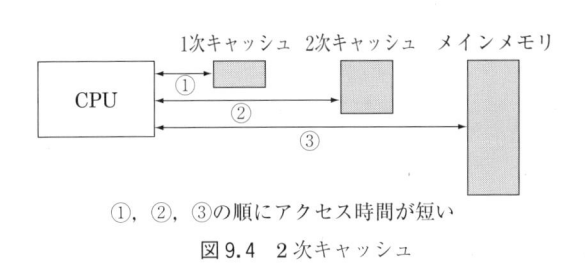

図 9.4 2 次キャッシュ

ッシュメモリと構成する場合もある。この場合，通常1次キャッシュはCPUに内蔵される。

❸ キャッシュメモリの構成

　キャッシュメモリとメインメモリは，ブロックと呼ばれる一定の単位にデータが区分され，このブロック単位でデータがキャッシュメモリにコピーされる。キャッシュメモリへのブロックの割当てをマッピング（mapping）と呼ぶ。マッピングの方式には，フルアソシエイティブ（full associative）方式とセットアソシエイティブ（set associative）方式とがある。

(1) フルアソシエイティブ方式

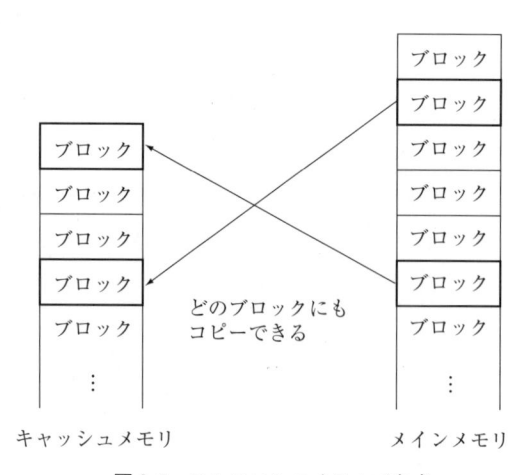

　フルアソシエイティブ方式では，メインメモリのブロックをキャッシュメモリのどのブロックにもマッピングすることができる。

　そのため，自由度が高く，キャッシュメモリの使用効率は良いがハードウェアが複雑になる。

図9.5　フルアソシエイティブ方式

(2) セットアソシエイティブ方式

複数のブロックを**セット**（set）と呼ばれる単位にまとめ，キャッシュメモリとメインメモリの同一セット間のみでブロック転送を行う。キャッシュメモリのセットを構成するブロック数を**ウェイ**（way）**数**と呼ぶ。ウェイ数が1のものを**ダイレクトマッピング方式**と呼ぶ。

セットアソシエイティブ方式では，異なるセット間のブロック転送ができないという制約を受けるが，ハードウェアが簡単になるため，高速性が得られる。

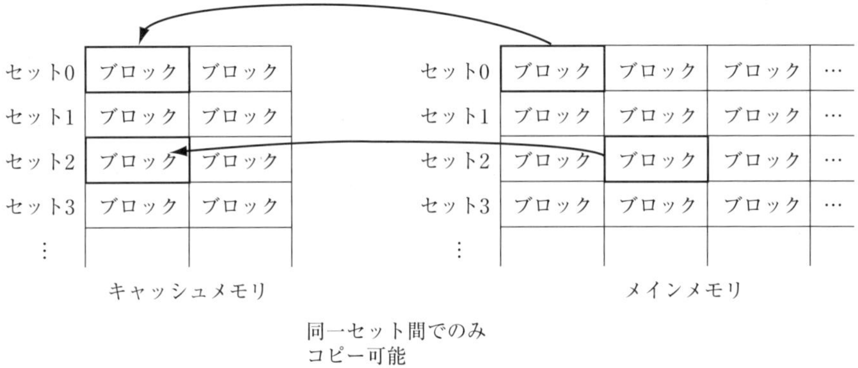

セット0	ブロック	ブロック		セット0	ブロック	ブロック	ブロック	...
セット1	ブロック	ブロック		セット1	ブロック	ブロック	ブロック	...
セット2	ブロック	ブロック		セット2	ブロック	ブロック	ブロック	...
セット3	ブロック	ブロック		セット3	ブロック	ブロック	ブロック	...

キャッシュメモリ　　　　　　　　　　メインメモリ

同一セット間でのみ
コピー可能

図 9.6　セットアソシエイティブ方式

❹ キャッシュデータの更新

(1) キャッシュミス

メモリアクセス時に，目的のデータがキャッシュメモリに存在する場合，**キャッシュヒット**（cache hit）したという。この場合は，メモリアクセス時間＝キャッシュメモリアクセス時間（t_{cache}）となり，高速アクセスが実現される（図 9.7 (a)）。目的のデータがキャッシュメモリに存在しなければ**キャッシュミス**（cache miss）したという。この場合は，メインメモリより必要なブロックをキャッシュメモリに転送した後にキャッシュメモリに対してアクセスを行うことになる（図 9.7 (b)）。

キャッシュミス時の t_{cache} に対して余分にかかる時間（t_{mp}）を**ミスペナルティ**

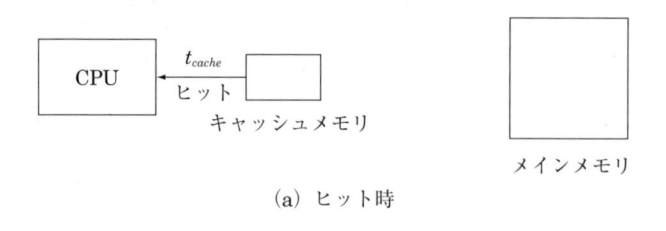

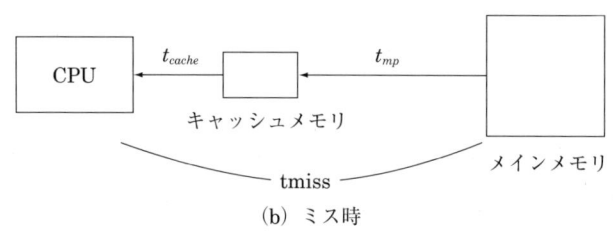

図9.7 キャッシュヒットとキャッシュミス

と呼ぶ。

総メモリアクセス数に対して，キャッシュヒット数を**ヒット率**，キャッシュミス数を**ミス率**という。

$$\text{ヒット率}\,\alpha = \frac{\text{キャッシュヒット数}}{\text{総アクセス数}}$$

$$\text{ミス率}\,\beta = \frac{\text{キャッシュミス数}}{\text{総アクセス数}}$$

キャッシュミスの原因は，キャッシュメモリにデータがセットされていない初期状態におけるミス（**コンパルソリミス**：compulsory miss または initial miss）や，キャッシュメモリからメインメモリに戻したブロックを再アクセスする際のミス（**容量ミス**：capacity miss）や，セットアソシエイティブ方式において，同一セット内のブロックの競合によりメインメモリに戻したブロックを再アクセスする際のミス（**競合ミス**：conflict miss）に大別される。

(2) コヒーレンシの保持

キャッシュヒット時では，アクセスされたキャッシュメモリに対して読み書き

```
キャッシュミス ─┬─ コンパルソリミス
cache miss      │   (compulsory miss)
                │
                ├─ 容量ミス
                │   (capacity miss)
                │
                └─ 競合ミス
                    (conflict miss)
```

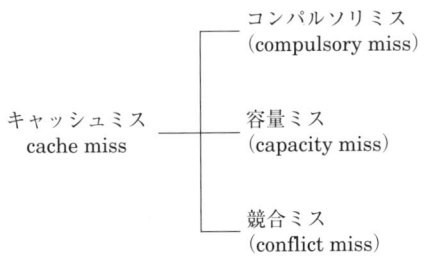

図 9.8　キャッシュミスの原因

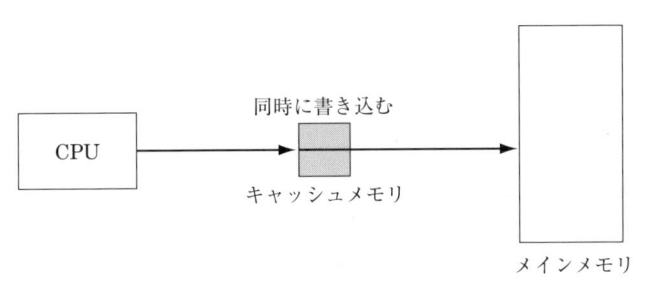

図 9.9　ライトスルー方式

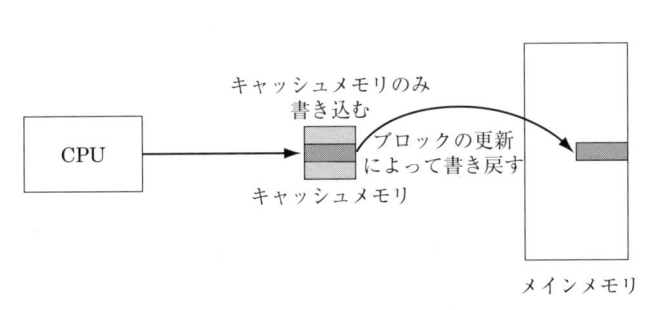

図 9.10　ライトバック方式

が行われるが，コピー元であるメインメモリのブロックデータも更新し，キャッシュメモリとメインメモリとの同一性（**コヒーレンシ：coherency**）を保持する必要がある。

　メインメモリのデータ更新の方法として，**ライトスルー**（write through）方

式とライトバック（write back）方式がある。

　ライトスルー方式では，キャッシュメモリの書き換えの都度，同じタイミングでメインメモリの更新を行う。常にコヒーレンシが保持されるという利点と書き込み時は，メインメモリのアクセス時間を必要とするためキャッシュメモリによる性能向上は図れないという欠点がある。

　ライトバック方式では，キャッシュのブロックが追い出される（ブロックの置換）際に，メインメモリのブロックを更新する。ライトスルー方式と比べてメモリアクセス数が減り，性能が向上するという利点がある。キャッシュメモリとメインメモリ間のデータが異なる（コヒーレンシが保持されていない）時間が発生する点や，ブロック更新のための制御が必要となる欠点もある。

❺ マルチバンク構成

　キャッシュメモリは，主記憶装置を見かけ上，高速化する手法である。これに対して主記憶装置そのものの性能を高める手法として，**マルチバンク（multi bank）構成**が用いられる。

（1）バンクとは

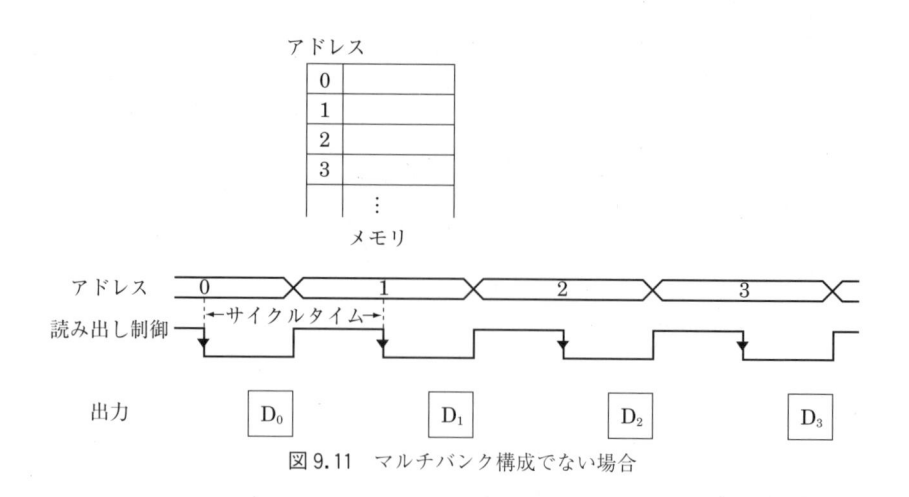

図9.11　マルチバンク構成でない場合

独立して読み書きが行えるメモリの管理単位を**バンク**（bank）と呼ぶ。同一バンクに対するアクセスは，そのサイクルが終えるのを待ってから次のアクセスを行う。図 9.11 にバンク数が 1 の（マルチバンク構成でない）メモリの読み出し例を示す。

連続するアドレス（0，1，2，…）に対する読み出しタイミングを示した。この構成のメモリの場合，サイクルタイムを高速化するには，制御回路およびメモリ素子そのものを高速化する必要がある。

(2) マルチバンク

複数のバンク（**マルチバンク**）でメモリを構成し，アドレスをバンク順に割り当てる。この構成では，連続するアドレスへのアクセスに対して，各バンクが並列的に動作できるため，サイクルタイムを短くすることができる。このようなメモリ方式を**メモリインタリーブ**（memory interleaving）と呼ぶ。

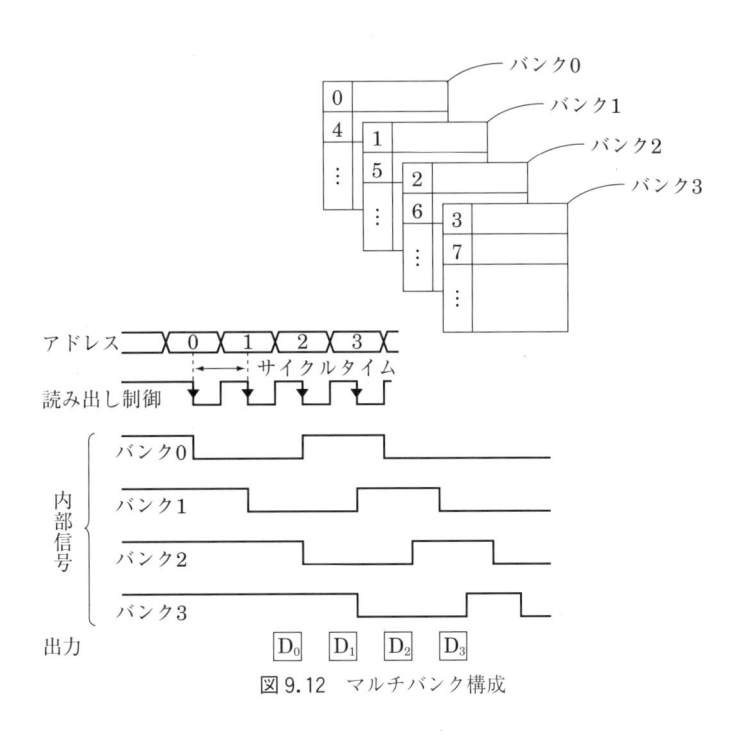

図 9.12　マルチバンク構成

図9.12にマルチバンク構成のメモリアクセス例を示す。アドレスがバンク順に水平方向に振られているため，連続するアドレスのデータ転送（バースト転送）に対して，バンクのサイクルタイムより短いサイクルタイムでデータ転送を行うことができる。

マルチバンク構成のメモリ素子にはシンクロナス **DRAM**（Synchronous DRAM/SDRAM）やラムバス **DRAM**（Rambus DRAM/RDRAM）やバンク構成のフラッシュメモリなどがある。

9.2 パイプライン

❶ パイプライン処理の原理

図9.13に一般的な逐次実行処理の流れを示す。命令ごとにフェッチ，デコード，実行，ライトバックを行い，この一連の処理を完全に終えてから，次の命令のフェッチに取りかかる。このような逐次形のコンピュータを **SISD**（single instruction stream, single data stream：単一命令流単一データ流）と呼ぶ。

フェッチ，デコード，実行，ライトバックの処理単位はステージと呼ばれ，それぞれに対する処理ユニットが用いられる。今，各ステージの処理時間を t とすると，命令当たりに要する時間は $4t$ となる。

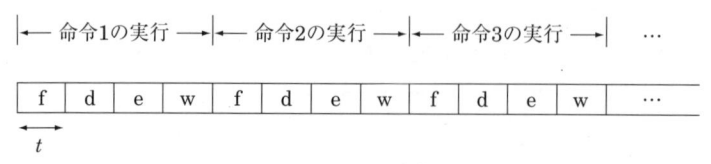

f：フェッチ　d：デコード　e：実行　w：ライトバック

図9.13　パイプラインなしの実行過程

図9.13の場合，ある時間に処理されているステージは，4ステージのうちの1つである。例えば，デコードステージが処理されている間は，フェッチ，実行，

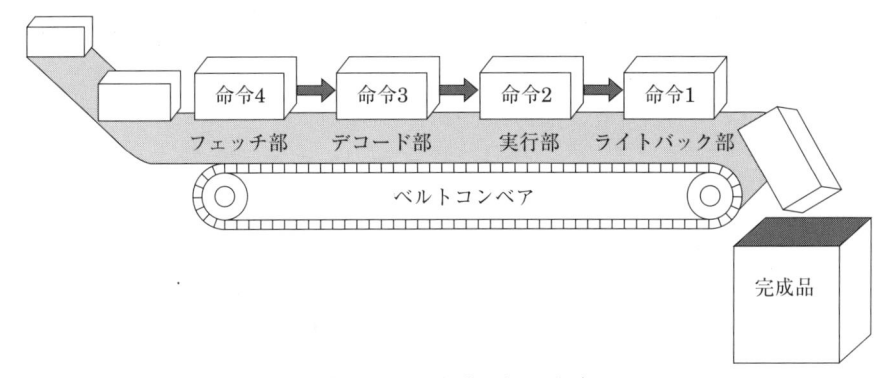

図 9.14　パイプラインの概念

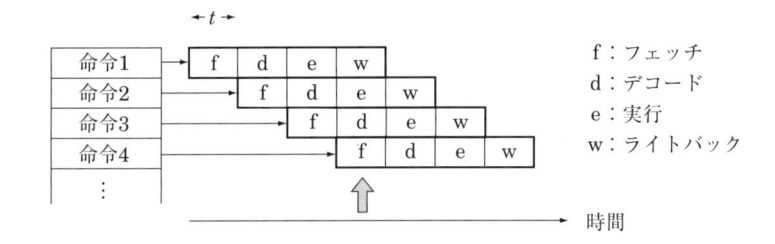

例えば矢印の時点では［命令1のライトバック］，［命令2の実行］，［命令3のデコード］，［命令4のフェッチ］が同時に行われている。

図 9.15　パイプラインの流れ

ライトバックの処理ユニットは待ち状態となっている。

　これに対して，命令の完了を待たずに各ステージに次々と処理を投入する手法を**パイプライン**（pipeline）**処理**と呼ぶ。パイプライン処理では，各ステージにおける処理ユニットの空き時間を減らし，ハードウェアを有効活用する。

　図 9.13 の各ステージをパイプライン化したものを図 9.15 に示す。命令当たりのステージ数は，パイプラインの**段数**と呼ばれる。この場合のパイプライン段数は 4 である。

1命令当たりに要する処理時間は，図9.13と同じく $4t$ であるが，実際には，異なるステージがオーバーラップして処理されているので，全体としては，命令が時間 t ごとに実行されることになる。

❷ パイプラインハザード

実際の処理においては，パイプライン処理が正常に流れずに，中断することがある。これを**パイプラインハザード**（pipeline hazard）と呼ぶ。パイプラインハザードの原因としては，構造的ハザード，データハザード，制御ハザードがある。

(1) 構造的ハザード（structural hazard）

メモリ，レジスタ，演算器などの計算資源（リソース）を同時に使用しようとした際の競合によるハザードである。

この場合，リソースの競合が解消されるまで，パイプラインの遅れが生じる。

(2) データハザード（data hazard）

データハザードは，データの読み書きの順序に起因して発生するハザードで，次に示すRAW, WAR, WAWに分けられる。

① RAW（read after write）

まだ書き込まれていないデータに対して読み出しを行おうとした場合，目的のデータがつくられるまで，パイプラインが待たされる。

② WAR（write after read）

読み出す予定があるデータが格納されている場所に対して，書き込もうとした際のハザードである。この場合，データが読み出されるまでパイプラインを待たすことになる。

③ WAW（write after write）

命令の追い越しを許すパイプライン処理において，同一の格納場所に対して，書き込み順序に逆らってデータを書き込もうとする際のハザード。

(3) 制御ハザード（control hazard）

パイプライン処理では，命令を先読みして次々とステージに投入する。そのため，分岐命令や割込み処理などによって命令の流れが変わる場合は，途中まで行ったステージの内容を廃棄し，新たな命令をステージに投入することになる。このようにプログラムの流れが変わることによって発生するハザードを**制御ハザード**と呼ぶ。

　図 9.16 に制御ハザードの例を示す。図 9.16（a）のフローに従って，パイプラインの各ステージに処理が投入されている。図 9.16（b）では，パイプラインの投入に従って実行されているため，パイプラインの乱れは発生しない。しかし，図 9.16（c）では，命令 3 の分岐結果（Yes）により，パイプラインに投入され

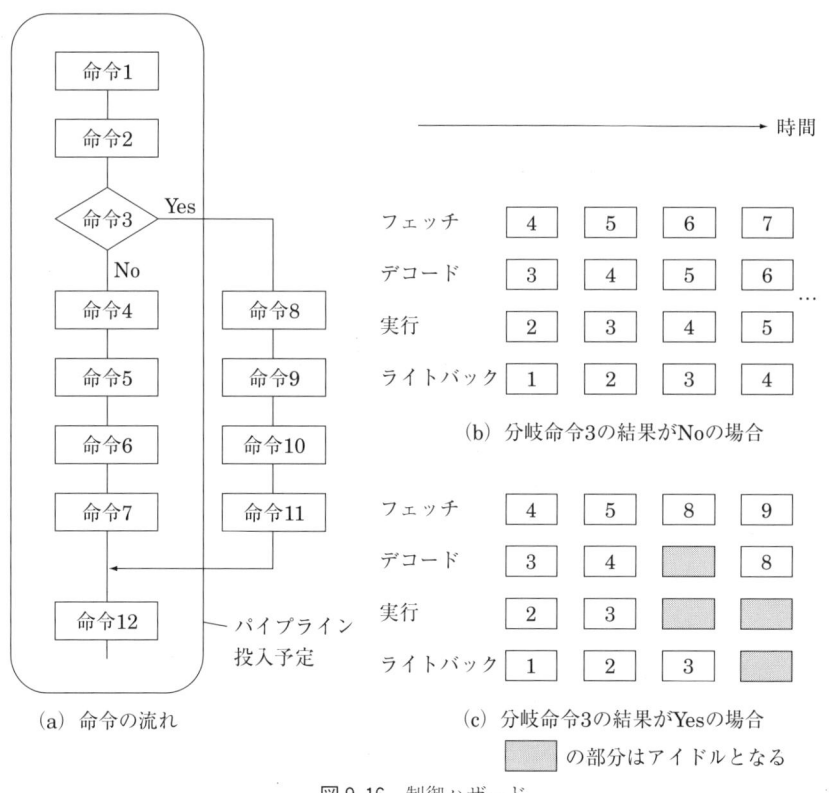

図 9.16　制御ハザード

ている命令4の実行はなされずに，分岐先である命令8のフェッチが行われる。すなわち，命令4，命令5に関するステージの処理は廃棄されることになり，そのぶんの処理ユニットのアイドルが発生する。

制御ハザードを抑制する手法として，分岐予測を行うハードウェアを付加する動的な手法やコンパイル時に静的に対処する手法が用いられる。

❸ スーパパイプライン

スーパパイプライン（super pipeline）処理では，図9.17のようにパイプラインのステージをさらに細分化することにより，各ステージの処理を単純化させて動作周波数を上げることを目的としている。

| パイプライン | f | d | e | w | ステージ4 |
| スーパパイプライン | f_1 | f_2 | d_1 | d_2 | e_1 | e_2 | w_1 | w_2 | ステージ8 |

図9.17　スーパパイプラインステージ（例）

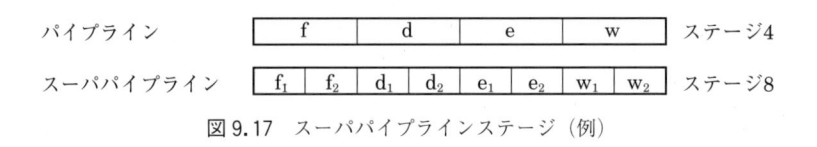

図9.18にパイプライン（段数4）とスーパパイプライン（段数8）の実行の流れを示す。スーパパイプラインでは，原理的にステージを細分化すればするほど動作周波数を上げやすくなる。しかし，その反面，パイプラインハザードの発生時のロスは大きくなる。実際のCPUの例をあげると，インテル社Pentium 4では20段，AMD社のAthlonXPでは最大時で15段のスーパパイプライン処理が行われている。

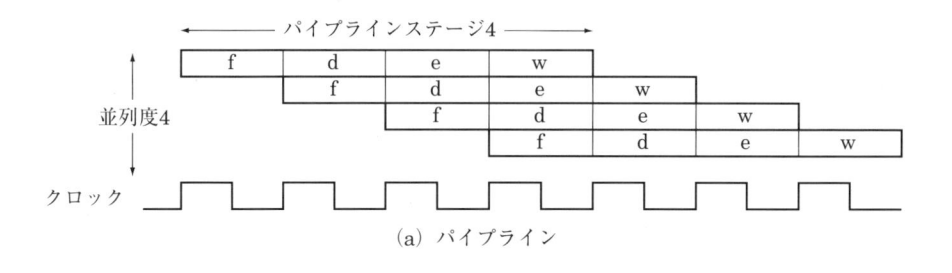

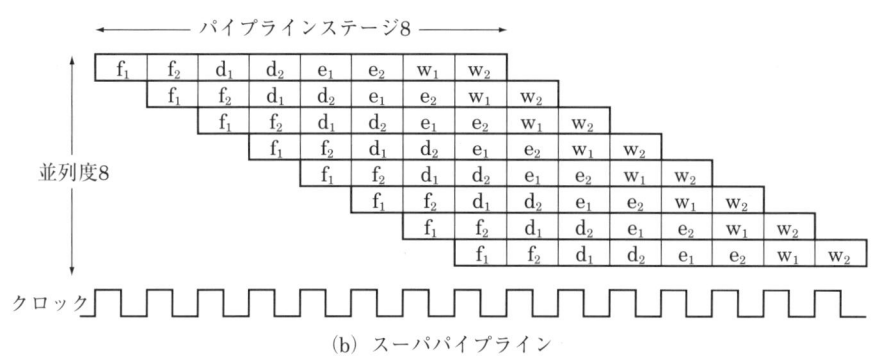

図9.18 パイプラインとスーパパイプライン

9.3 並列処理

❶ スーパスカラ

演算に用いるそれぞれの値を**スカラ**（scare）と呼び，スカラに対する演算を**スカラ演算**という。**スーパスカラ**（super scare）では，スカラ演算の高速化のために，複数の命令を並列にフェッチして実行する。通常はパイプライン処理と併用されて用いられる手法で，一般的には並列度に応じて，整数演算ユニット，浮動小数点演算ユニット，データ転送ユニットなどの実行ユニットを複数配置する。

スーパスカラの実行効率を高めるために，**アウト・オブ・オーダ**（out-of-order）方式が用いられる．アウト・オブ・オーダ方式では，プログラムの順番（フェッチした順）にとらわれずに，実行可能な命令から実行ユニットに投入する．

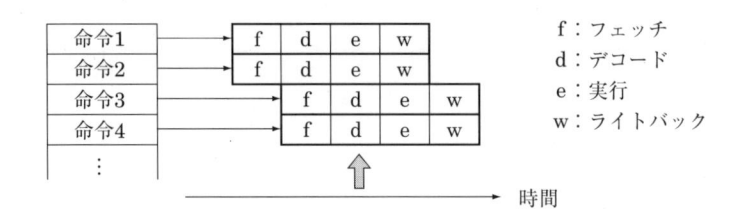

```
命令1 → | f | d | e | w |
命令2 → | f | d | e | w |
命令3 →     | f | d | e | w |
命令4 →     | f | d | e | w |
  ⋮
                  ↑
         ─────────────────→ 時間
```

f：フェッチ
d：デコード
e：実行
w：ライトバック

例えば矢印の時点では［命令1の実行］，［命令2の実行］，［命令3のライトバック］，［命令4のライトバック］が同時に行われている．

図 9.19　スーパスカラの原理

❷ VLIW

VLIW（very long instruction word）は，2章で解説したように，256ビット長などの複合化命令をフェッチし，複数の処理ユニットに対して並列に処理を投入する．この投入の順序は，**スケージュリング**（scheduling）と呼ばれ，コンパイラによって静的に決定される．そのため，スーパスカラと比べて，命令の発行およびデコード回路等のハードウェアは簡単になる．

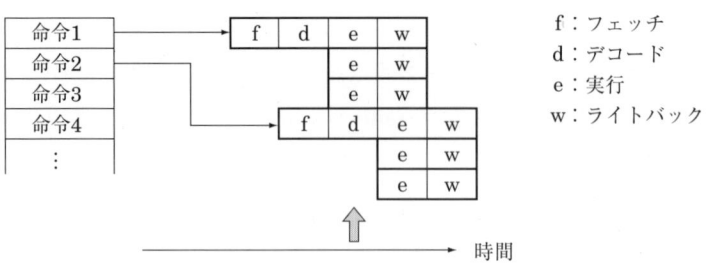

```
命令1 → | f | d | e | w |
命令2 →         | e | w |
命令3 →         | e | w |
命令4 → | f | d | e | w |
                | e | w |
                | e | w |
  ⋮
                  ↑
         ─────────────────→ 時間
```

f：フェッチ
d：デコード
e：実行
w：ライトバック

例えば矢印の時点では［命令1の実行(3個の実行ユニット)］，［命令2のデコード］が同時に行われている

図 9.20　VLIW の原理

第 9 章 コンピュータの高速化技術

❸ ベクトルプロセッサ

ベクトルプロセッサ（vector processor）は，複数の値の集合（ベクトル）単位で演算を行うベクトル演算装置を備える。ベクトル演算装置は，ベクトルレジスタに格納されたベクトルデータに対して，複数の演算装置を用いてパイプライン処理を行う。

スーパコンピュータでは，通常の CPU におけるスカラ演算装置とベクトル演算用のベクトルプロセッサを備える。一般的には，複数のベクトルプロセッサを用いて並列度を高めることによって演算能力を向上させる。

(a) 演算パイプライン

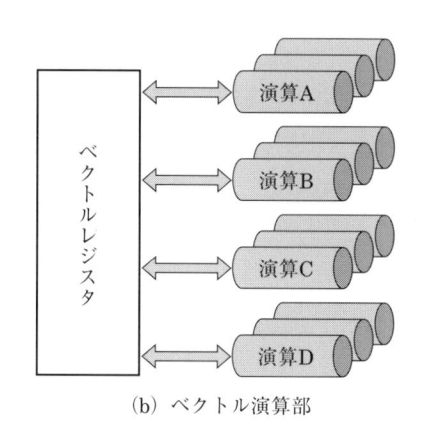

(b) ベクトル演算部

例）A：加算　B：乗算　C：論理演算　D：補正
図 9.21　ベクトルプロセッサの原理

このような方式は，1つの命令を複数のデータに対して実行するので，**SIMD**（single instruction stream, multiple data stream：単一命令流多重データ流）と呼ばれる。

❹ マルチプロセッサ

マルチプロセッサ（multi processor）では，複数のプロセッサユニット（**PU**：processor unit）により，並列に複数の命令を実行する。このような形を **MIMD**（multiple instruction stream, multiple data stream：多重命令流，多重データ流）と呼ぶ。

マルチプロセッサ方式では，それぞれの PU が共有メモリを介してデータのやり取りを行う。共有メモリの構成方式には，**集中共有メモリ**（centralized shared memory）方式と**分散共有メモリ**（distributed shared memory）方式がある。集中共有メモリ方式では，PU がすべてのメモリに対してアクセスできるという利点と，メモリアクセスの際にネットワークによる遅延が発生するという欠点をもつ。これに対して分散共有メモリ方式では，PU 配下のメモリアクセスは高速であるが，それ以外のメモリに対しては，仮想的に共有しアクセスするため，遅延が大きくなる面がある。

PU：プロセッサユニット

(a) 集中共有メモリ方式　　　(b) 分散共有メモリ方式

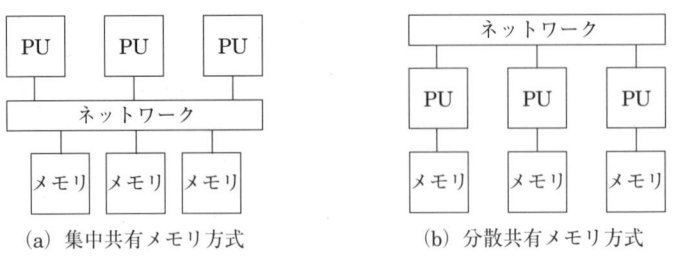

図 9.22　マルチプロセッサ方式

● 演習問題 ●

[1] 図9.4に示すような2次キャッシュ構成のメモリにおいて、1次キャッシュミス時のミスペナルティが、
　① 2次キャッシュでヒットした場合を10単位時間
　② 2次キャッシュもミスし、メインメモリをアクセスした場合を40単位時間
であるとき、
　1次キャッシュのミス率が$\beta_1=20\%$、1次キャッシュ、2次キャッシュともにミスした場合のミス率が$\beta_2=5\%$のとき、
　(1) 1次キャッシュがミス、2次キャッシュがヒットする確率β_3を示せ。
　(2) 全体のミスペナルティを求めよ。
[2] スーパスカラ方式とVLIW方式について比較せよ。
[3] 最近のCPUのスーパパイプライン度を調べよ。
[4] 分岐予測の具体的手法について調べよ。
[5] マルチバンク方式の利点を述べよ。
[6] マルチバンク方式のDRAMについて具体例を調べよ。

第10章 コンピュータシステムの評価

コンピュータシステムの評価尺度として，一般的に処理能力と信頼性が用いられている。本章では，まず処理能力について解説し，次に信頼性のためのシステム構成とその評価尺度について解説する。

10.1 処理能力

❶ システムの性能

コンピュータシステムの処理能力は，用途やコストパフォーマンスの面よりCPUやI/Oなどのハードウェア，OSやプログラムなどのソフトウェア，システムの処理方式などによって総合的に決定される。

コンピュータシステムの処理単位時間当たりに処理できる仕事量を**スループット**（through put）という。この値が大きいほどシステムの処理能力は高い。また，システムに処理を要求してから結果が得られるまでの応答時間を**レスポンスタイム**（response time）と呼ぶ。

❷ CPU の性能

　CPU は，動作クロックに同期して処理を行うため，同一の CPU の場合は，動作クロック周波数が高いほど処理能力は高くなる。しかし，実際の CPU では，メーカや形式によってアーキテクチャが異なるため，動作クロック周波数だけでその性能を比較することはできない。そこで，CPU の性能の評価尺度として，CPU 時間，MIPS，MFLOPS，ベンチマークテスト結果などが用いられている。

(1) CPU 時間 (CPU time)

　あるプログラムを実行する際の CPU 時間 T_{CPU} は，

$$T_{CPU} = (プログラムの CPU クロックサイクル数) \times (CK : クロックサイクル時間)$$

$$= \frac{(プログラムの CPU サイクル数)}{動作クロック周波数}$$

　ここでプログラムの CPU サイクル数 $= \sum_{i=1}^{n} (CPI_i \times C_i)$

　CPI_i：命令 i の平均クロックサイクル数
　C_i　：命令 i の実行回数
　n　　：命令の種類

以上のことを整理すると，

$$T_{CPU} = \sum_{i=1}^{n} (CPI_i \times C_i) \times CK$$

同一のプログラムを実行した場合の CPU 時間の比を，CPU の性能比として用いることができる。

(2) MIPS (million instructions per second)

　1 秒間に実行できる命令数を 100 万の単位で示す。MIPS を用いた場合，処理内容にかかわらず多くの命令（単純な命令など）を速い動作クロック周波数で実行する CPU ほど良い値を示すことになる。例えば，乗算を単純な加算の組合せで実行する場合でも MIPS 値に貢献することになる。

(3) MFLOPS (million floating-point operations per second)

　1 秒間に実行できる浮動小数点演算数を 100 万単位で示す。単精度と倍精度，

乗算と除算などのように，浮動小数点演算の種類によってMFLOP値が異なってしまう。MIPSと同様にCPUの処理性能の目安として用いられる。

(4) ベンチマーク（bench mark）

ベンチマークは，コンピュータの性能測定を目的にしたプログラムである。**SPEC**（standard performance evaluation corp.）によるものが代表的である。整数演算用のSPECint 95，浮動小数点演算用のSPECfp 95などが広く用いられている。

10.2 システムの構成

コンピュータシステムは，コストパフォーマンス，信頼性，用途などを考慮して構成され，その基本構成として，シンプレックスシステム，デュプレックスシステム，マルチプロセッサシステム，タンデムシステムがある。

❶ シンプレックスシステム（simplex system）

1台のCPUに通信制御装置（**CCU**：communication control unit），ファイル装置を接続した単一のシステムである。このシステムは，ハードウェアの構成が簡単なため，コストも安いが，障害時にはシステムがダウンし，システムの信頼性は低い。

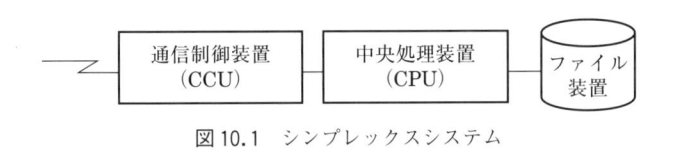

図10.1　シンプレックスシステム

❷ デュプレックスシステム（duplex system）

2個のCPUをもち，通常，1系統でオンラインリアルタイム処理を行い，他

方では，待機用としてバッチ処理などを行わせる。オンライン系に障害が発生したときはバッチ処理を中断し，系を切り換えてオンライン処理を続ける。

系の切り換えに時間がかかるのが欠点であるが，信頼性は高く，システムの可用度の向上を目的とする。

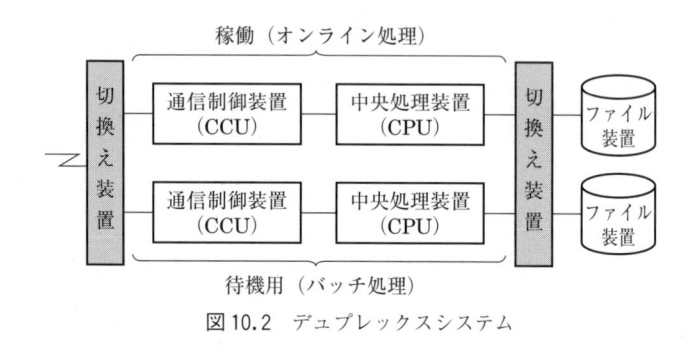

図 10.2　デュプレックスシステム

❸ デュアルシステム（dual system）

2 個の処理系が同一の処理を並行して行い，処理結果を一定時間ごとに照合する 2 元化システムである。

障害時には，故障した系を切り離すことで，処理を続ける。コストはかかるが，処理系がダウンしにくく信頼性は高い。

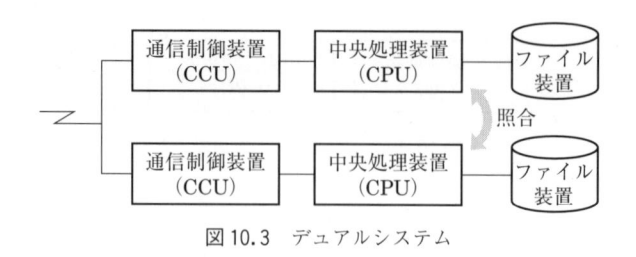

図 10.3　デュアルシステム

❹ マルチプロセッサシステム（multi processor system）

複数のCPUが主記憶装置やファイルを共有し、複数処理を並行して行い、処理能力を高める。1台のCPUに障害が出ても、接続されているほかのCPUを使用して処理を続行することができる。CPUの負荷が大きい処理に向くシステムである。

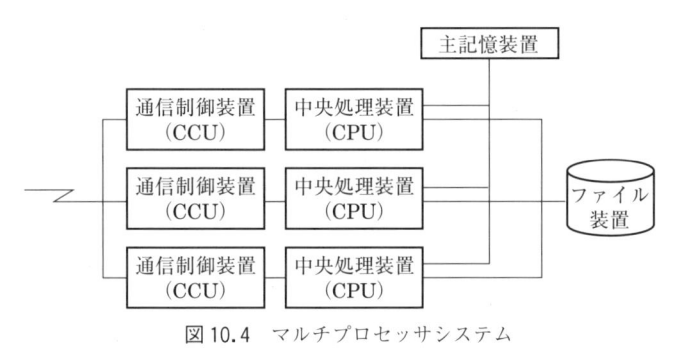

図10.4　マルチプロセッサシステム

❺ タンデムシステム（tandem system）

処理用のCPU、通信制御用のCPU、ファイル管理用のCPUなど複数のCPUを直列に配置し、機能を分散させるシステムである。中央のCPUの負荷が分散できるため、処理能力が向上できる。

通信処理用のCPUを**FEP**（front-end processor）といい、ファイル管理用のCPUを**BEP**（back-end processor）という。

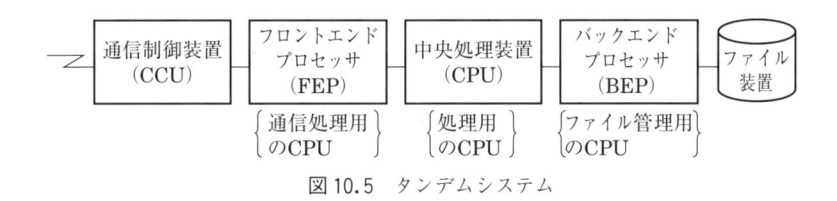

図10.5　タンデムシステム

10.2 システムの構成

10.3 システムの信頼性

システムの信頼性とは，システムダウンせずにいかに連続動作するかを示す尺度であり，信頼性の評価基準として，**RAS** という概念がある。RAS は，信頼度（reliability），可用度（availability），保守度（serviceability）の頭文字を取り，そう呼ばれる。

❶ MTBF

信頼度は，故障せずに連続稼動する確率を示す。故障の起きる時間間隔の平均値は，**平均故障間隔**（**MTBF**：**mean time between failures**）と呼ばれる。時間 t について，稼動率を $R(t)$，故障率を λ とすると，MTBF は以下の式で示される。

$$\mathrm{MTBF} = \frac{\lambda}{1-R(t)}$$

❷ MTTR

MTTR（**mean time to repair**）は，故障の発生したシステムの修理に要する時間の平均値を示し，**平均修理時間**という。MTTR が小さいほど速やかに稼動を再開できるシステムといえる。また，MTTR の逆数を**修理率**（repair rate）と呼ぶ。

❸ 可用度

可用度（**availability**）はシステムが正常動作している確率を示し，アベイラビリティまたは**稼動率**と呼ばれ，次式で示される。

$$\text{アベイラビリティ } A = \frac{\text{MTBF}}{\text{MTBF} + \text{MTTR}}$$

❹ システムのアベイラビリティ

(1) 直列システム

アベイラビリティ A_1 のシステムアベイラビリティ A_2 のシステムが，直列に接続された場合，システム A_1，A_2 ともに正常に動作する必要があるため，システム全体のアベイラビリティ A は次式で示される。

$$A = A_1 \times A_2$$

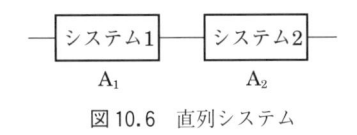

図 10.6　直列システム

(2) 並列システム

アベイラビリティ A_1 のシステムとアベイラビリティ A_2 のシステムが並列に多重化され，どちらか一方が正常動作すればシステムが稼動する場合，システム全体のアベイラビリティは次式で示される。

$$A = 1 - (1 - A_1)(1 - A_2)$$

ここで，$(1-A_1)(1-A_2)$ は，装置 1，2 ともに稼動しない確率を示す。

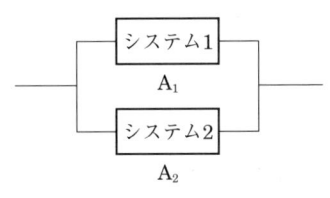

図 10.7　並列システム

(3) 直並列システム

図 10.8 に示すような直並列システムの場合，アベイラビリティは，次式で示される。

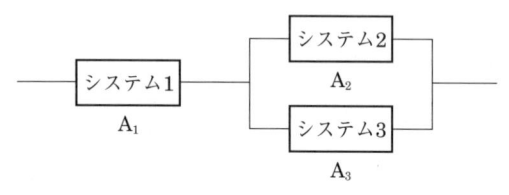

$$A = A_1 \{1 - (1 - A_2)(1 - A_3)\}$$

図 10.8　直並列システム

● 演習問題 ●

[1] 命令 A，命令 B，命令 C の各平均クロックサイクル数 CPI_i が，それぞれ 2，3，4 で与えられているとき，以下のプログラム (1)，(2) の実行に関する CPU 時間を求めよ。ただし動作クロック周波数は 500 MHz とする。

表 10.1

	実行回数		
	命令 A	命令 B	命令 C
プログラム (1)	120	100	40
プログラム (2)	40	200	20

[2] [1] のプログラム (1)，(2) における MIPS 値を求めよ。
[3] A～D の各装置のアベイラビリティがそれぞれ装置 A＝0.75，装置 B＝0.80，装置 C＝0.90，装置 D＝0.80 のとき，次の各システム (1)～(4) のアベイラビリティを求めよ。

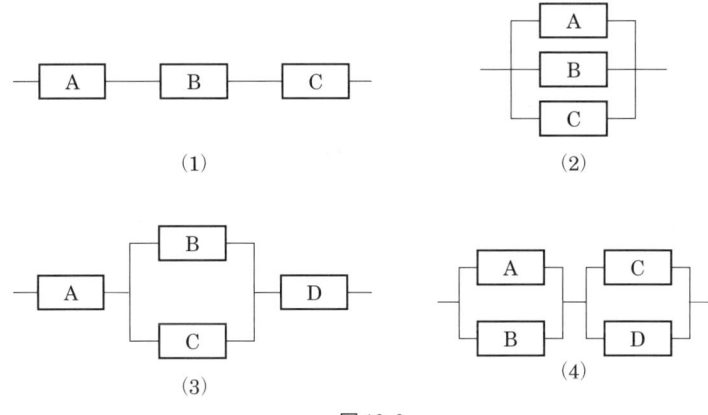

図 10.9

[4] コンピュータシステムにおける構成例として，図 (a) にシンプレックスシステム，図 (b) にデュプレックスシステムを示す。いずれも同一の装置を用いて構成されているものとする。次の問 (1)，(2) に答えよ。

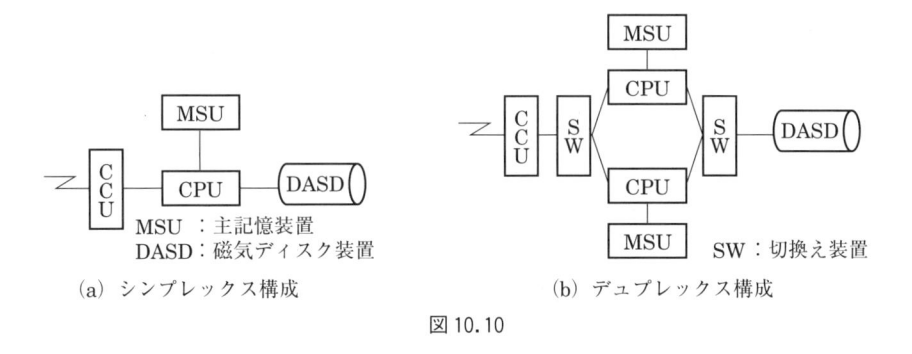

MSU：主記憶装置
DASD：磁気ディスク装置
(a) シンプレックス構成

SW：切換え装置
(b) デュプレックス構成

図 10.10

(1) 図(a)において，各装置の稼動率をCCU：99%，CPU：98%，MSU：98%，DASD：95% とし，装置の1つが故障するとシステム全体が停止する構成とすると，このシステム全体の稼動率はいくらか。

(2) 図(b)において，一方の系のシステム故障時には即時に他方のシステムでバックアップ運用が可能であるとすると，システム全体の稼動率はいくらか。ただし，切り換え装置の稼動率は 100% とする。

演習問題 163

演習問題解答

1章 解答 …………………………………… 166
2章 解答 …………………………………… 166
3章 解答 …………………………………… 166
4章 解答 …………………………………… 169
5章 解答 …………………………………… 171
6章 解答 …………………………………… 176
7章 解答 …………………………………… 178
8章 解答 …………………………………… 179
9章 解答 …………………………………… 181
10章 解答 ………………………………… 181

演習問題解答

1章

[1]〜[3] 本文参照
[4] $f=8\times10^6$, $T=1/f=1/(8\times10^6)=0.125\,\mu s$
[5] $0\sim255$ の範囲($2^8-1=255$ より)

2章

[1] 省略
[2] 本文参照
[3] 本文参照
[4] 省略
[5] 省略

3章

[1] (1) $(01001011)_2$ (2) $(10110101)_2$
(3) $(01001011)_2+(10110101)_2=(00000000)_2$
注)9桁目への桁あふれ(オーバーフロー)は数値として扱わない。
(4) $(10110101)_2$ の2の補数は $(01001011)_2$ すなわち $(75)_{10}$ となる。

[2] (1) $-(2^{n-1})\sim(2^{n-1}-1)$ より $-(2^{15})\sim(2^{15}-1)$ なので $-32\,768\sim32\,767$
(2) $-(2^{n-1}-1)\sim(2^{n-1}-1)$ より $-(2^{15}-1)\sim(2^{15}-1)$ なので $-32\,767\sim32\,767$

[3]

$0.45\times2=\overline{0.9}\quad\rightarrow\quad 0$
$0.9\times2=\overline{1.8}\quad\rightarrow\quad 1$
$0.8\times2=\overline{1.6}\quad\rightarrow\quad 1$
$0.6\times2=\overline{1.2}\quad\rightarrow\quad 1$
$0.2\times2=\overline{0.4}\quad\rightarrow\quad 0$
$0.4\times2=\overline{0.8}\quad\rightarrow\quad 0$
$0.8\times2=\overline{1.6}\quad\rightarrow\quad 1$ 繰り返す

以上の計算より $(0.01\dot{1}100\dot{0})_2$

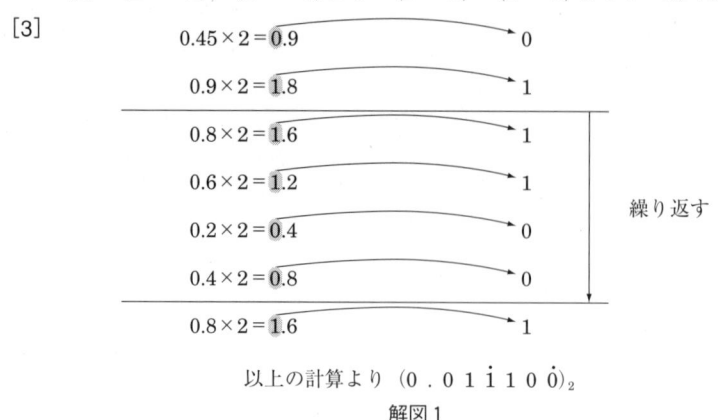

解図1

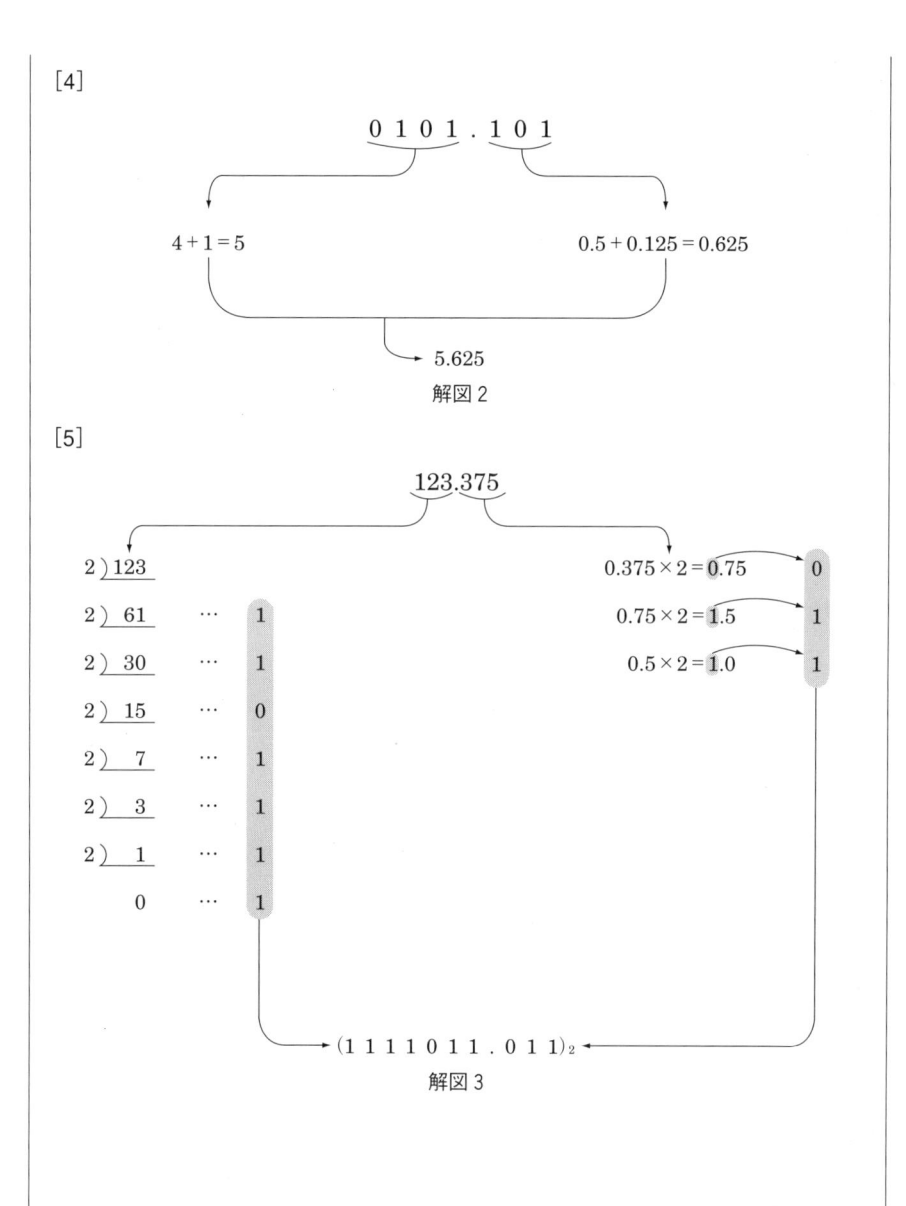

[4]

$0\ 1\ 0\ 1\ .\ 1\ 0\ 1$

$4+1=5$ $0.5+0.125=0.625$

5.625

解図 2

[5]

123.375

$2\,)\,123$
$2\,)\ 61$ ⋯ 1
$2\,)\ 30$ ⋯ 1
$2\,)\ 15$ ⋯ 0
$2\,)\ \ 7$ ⋯ 1
$2\,)\ \ 3$ ⋯ 1
$2\,)\ \ 1$ ⋯ 1
$\ \ \ \ \ 0$ ⋯ 1

$0.375 \times 2 = 0.75$ 0
$0.75 \times 2 = 1.5$ 1
$0.5 \times 2 = 1.0$ 1

$(1111011.011)_2$

解図 3

[6]

①2進数

2) 75
2) 37 … 1
2) 18 … 1
2) 9 … 0
2) 4 … 1
2) 2 … 0
2) 1 … 0
　　0 … 1

→ $(1\ 0\ 0\ 1\ 0\ 1\ 1)_2$

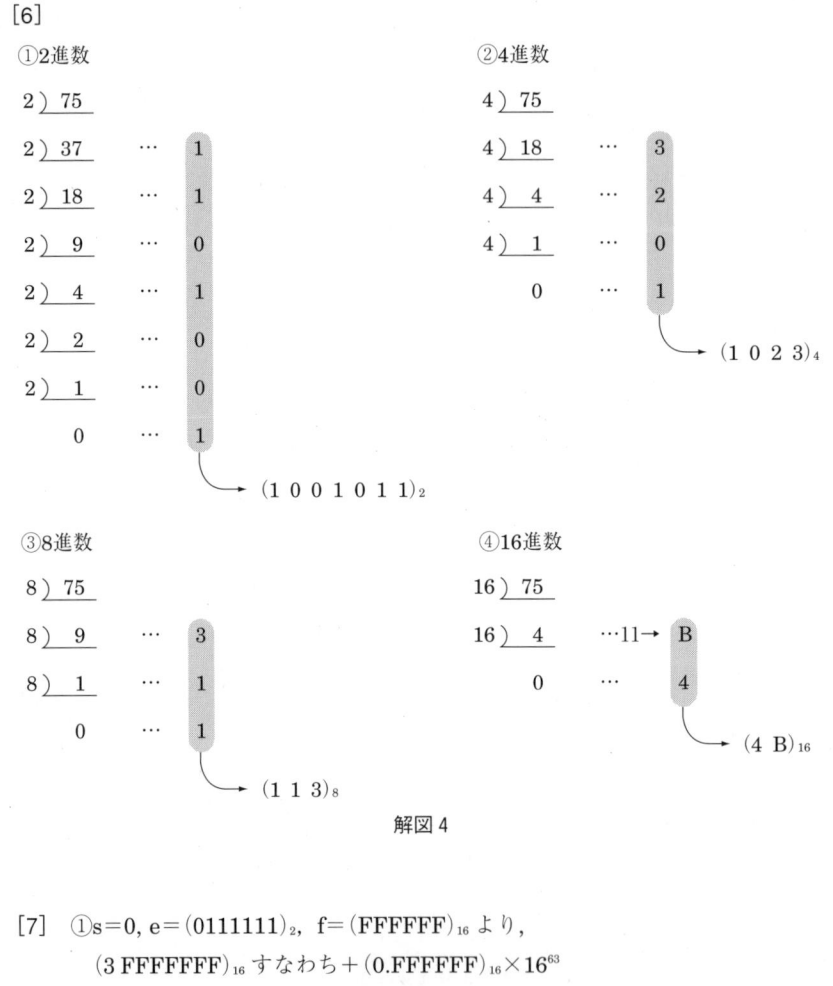

②4進数

4) 75
4) 18 … 3
4) 4 … 2
4) 1 … 0
　　0 … 1

→ $(1\ 0\ 2\ 3)_4$

③8進数

8) 75
8) 9 … 3
8) 1 … 1
　　0 … 1

→ $(1\ 1\ 3)_8$

④16進数

16) 75
16) 4 … 11 → B
　　0 … 4

→ $(4\ B)_{16}$

解図4

[7] ① $s=0$, $e=(0111111)_2$, $f=(FFFFFF)_{16}$ より，
$(3\ FFFFFFF)_{16}$ すなわち $+(0.FFFFFF)_{16} \times 16^{63}$

② $s=0$, $e=(1000000)_2$, $f=(000001)_{16}$ より，
$(40000000)_{16}$ すなわち $+(0.000001)_{16} \times 16^{-64}$

③ $s=1$, $e=1$, $f=(0.01001)_2=0.25+0.03125=0.28125$ より，
$-0.28125 \times 16^1 = -4.5$

④ $s=0$, $e=2$, $f=(0.000100001)_2=0.0625+0.001953125=0.064453125$ より，$0.064453125 \times 16^2 = 16.5$

⑤ $35.5 = 0.138671875 \times 16^2 = (0.001000111)_2 \times 16^2$ より,
　　$s=0, e=2, f=(0.001000111)_2$
　　∴ $(02238000)_{16}$

⑥ $40.125 \div 0.1567382813 \times 16^2 = (0.00101000001)_2$ より,
　　$s=1, e=2, f=(0.00101000001)_2$
　　∴ $(82282000)_{16}$

[8] 省略
[9] 省略
[10] (1) ゾーン $(F3F5F8F9C2)_{16}$　パック $(35892C)_{16}$
　　 (2) ゾーン $(F2F4F3F7D8)_{16}$　パック $(24378D)_{16}$

4章

[1] 最小化定理

すべての入力の組合せについて考える

A	B	A·B	A·$\overline{B}$	A·B+A·$\overline{B}$
0	0	0	0	0
0	1	0	0	0
1	0	0	1	1
1	1	1	0	1

$A = A \cdot B + A \cdot \overline{B}$

解図5

[2]
① $\overline{(A \cdot B) \cdot \overline{C} + \overline{C}}$ と考えて,$\overline{\overline{A \cdot B} + \overline{C}} + \overline{C} = \overline{\overline{A} + \overline{B} + \overline{C}} + \overline{C} = \overline{A} + \overline{B} + \overline{C}$

② $\overline{\overline{A} + \overline{B} \cdot \overline{C}} = \overline{\overline{A}} \cdot \overline{\overline{B} \cdot \overline{C}} = A \cdot B \cdot C$　③ $\overline{\overline{A} \cdot \overline{A} + B + C} = \overline{\overline{A} \cdot \overline{A}} \cdot \overline{B} \cdot \overline{C}$,ここで $\overline{A} \cdot A = 0$ なので,$\overline{\overline{A} \cdot A \cdot \overline{B} \cdot \overline{C}} = \overline{0} = 1$

[3]

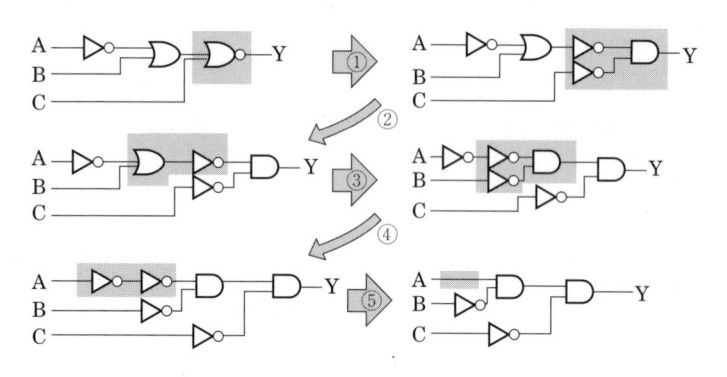

① ($\overline{A+B} = \overline{A}\cdot\overline{B}$ より)
②, ④ ($\overline{A\cdot B} = \overline{A}+\overline{B}$ より)

解図6

[4]　(a)　A を T 入力とする T フリップフロップ
　　(b)　A を D 入力とする D フリップフロップ

[5]

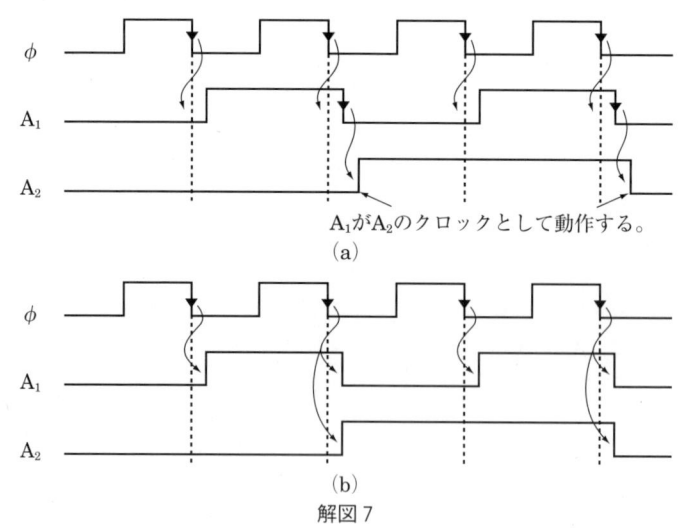

A_1 が A_2 のクロックとして動作する。
(a)

(b)

解図7

[6]　本文参照
[7]　本文参照

5章

[1] ①加法標準形
$$Y = \text{Min } 1 + \text{Min } 2 \quad (Y = \overline{A} \cdot B + A \cdot \overline{B})$$
②乗法標準形
$$Y = \text{Max } 0 \cdot \text{Max } 3 \quad (Y = (A+B) \cdot (\overline{A} + \overline{B}))$$

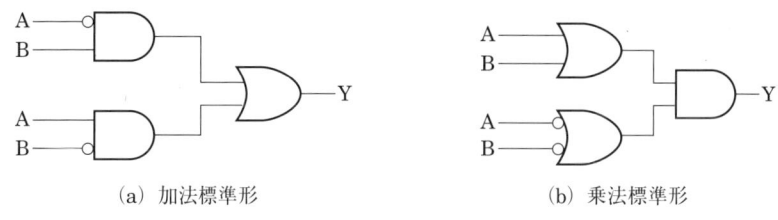

(a) 加法標準形　　　　(b) 乗法標準形

解図 8

[2] $Y = \text{Max } 0 \cdot \text{Max } 1 \cdot \text{Max } 4 \cdot \text{Max } 5 \cdot \text{Max } 6 \cdot \text{Max } 8 \cdot \text{Max } 11 \cdot \text{Max } 14 \cdot \text{Max } 15$

[3] まず回路図から，乗法標準形の論理式を求める。
$$Y = (A+B+C) \cdot (A+\overline{B}+\overline{C}) \cdot (\overline{A}+B+C) \cdot (\overline{A}+\overline{B}+C) \cdot (\overline{A}+\overline{B}+\overline{C})$$
$$= \text{Max } 0 \cdot \text{Max } 3 \cdot \text{Max } 4 \cdot \text{Max } 6 \cdot \text{Max } 7$$

入力はA, B, Cの3変数なので，iは0〜7の値を取ることができる。この範囲で乗法標準形に使用されていないiの値は，1, 2, 5となり，加法標準形は，$Y = \text{Min } 1 + \text{Min } 2 + \text{Min } 5 = \overline{A} \cdot \overline{B} \cdot C + \overline{A} \cdot B \cdot \overline{C} + A \cdot \overline{B} \cdot C$ となる。

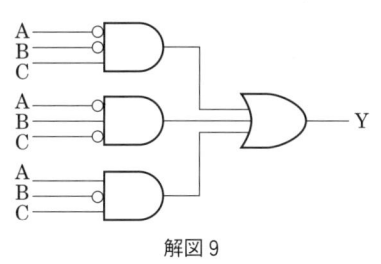

解図 9

[4] 加法標準形の式で表すと
$$Y = \overline{A} \cdot \overline{B} \cdot C + \overline{A} \cdot B \cdot C + A \cdot \overline{B} \cdot C + A \cdot B \cdot C = \text{Min } 1 + \text{Min } 3 + \text{Min } 5 + \text{Min } 7$$

3変数の取り得るiの範囲$i=0$〜7において，加法標準形に使用されていないiの値は，0, 2, 4, 6なので，乗法標準形は $Y = \text{Max } 0 \cdot \text{Max } 2 \cdot \text{Max } 4 \cdot \text{Max } 6 = (A+B+C) \cdot (A+\overline{B}+C) \cdot (\overline{A}+B+C) \cdot (\overline{A}+\overline{B}+C)$

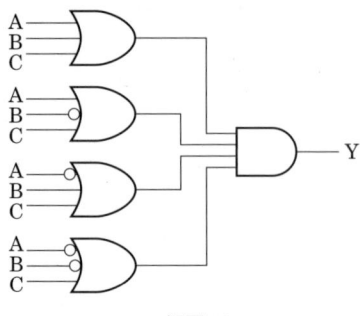

解図10

[5] 以下の手順で Y＝A が求まる。

$$Y = A \cdot B + A \cdot \overline{C} + A \cdot C \quad (分配則)$$
$$Y = A \cdot B + A \quad (最小化定理)$$
$$Y = A \quad (吸収則)$$

[6]

① $Y = A \cdot \overline{B} + \overline{A} \cdot B$

② $Y = \overline{A} \cdot B \cdot C + A \cdot \overline{B} \cdot \overline{C} + A \cdot \overline{B} \cdot C$

③ $Y = \overline{A} \cdot \overline{B} \cdot \overline{C} \cdot \overline{D} + \overline{A} \cdot B \cdot C \cdot \overline{D} + \overline{A} \cdot B \cdot \overline{C} \cdot \overline{D}$
$+ A \cdot \overline{B} \cdot \overline{C} \cdot \overline{D} + A \cdot \overline{B} \cdot \overline{C} \cdot D$

④ $Y = \text{Min1} + \text{Min3} + \text{Min6} + \text{Min7}$
$= \overline{A} \cdot \overline{B} \cdot C + \overline{A} \cdot B \cdot C + A \cdot B \cdot \overline{C} + A \cdot B \cdot C$

⑤ $Y = \text{Min0} + \text{Min5} + \text{Min8} + \text{Min12} + \text{Min13}$
$= \overline{A} \cdot \overline{B} \cdot \overline{C} \cdot \overline{D} + \overline{A} \cdot B \cdot \overline{C} \cdot D + A \cdot \overline{B} \cdot \overline{C} \cdot \overline{D}$
$+ A \cdot B \cdot \overline{C} \cdot \overline{D} + A \cdot B \cdot \overline{C} \cdot D$

解図11

[7]

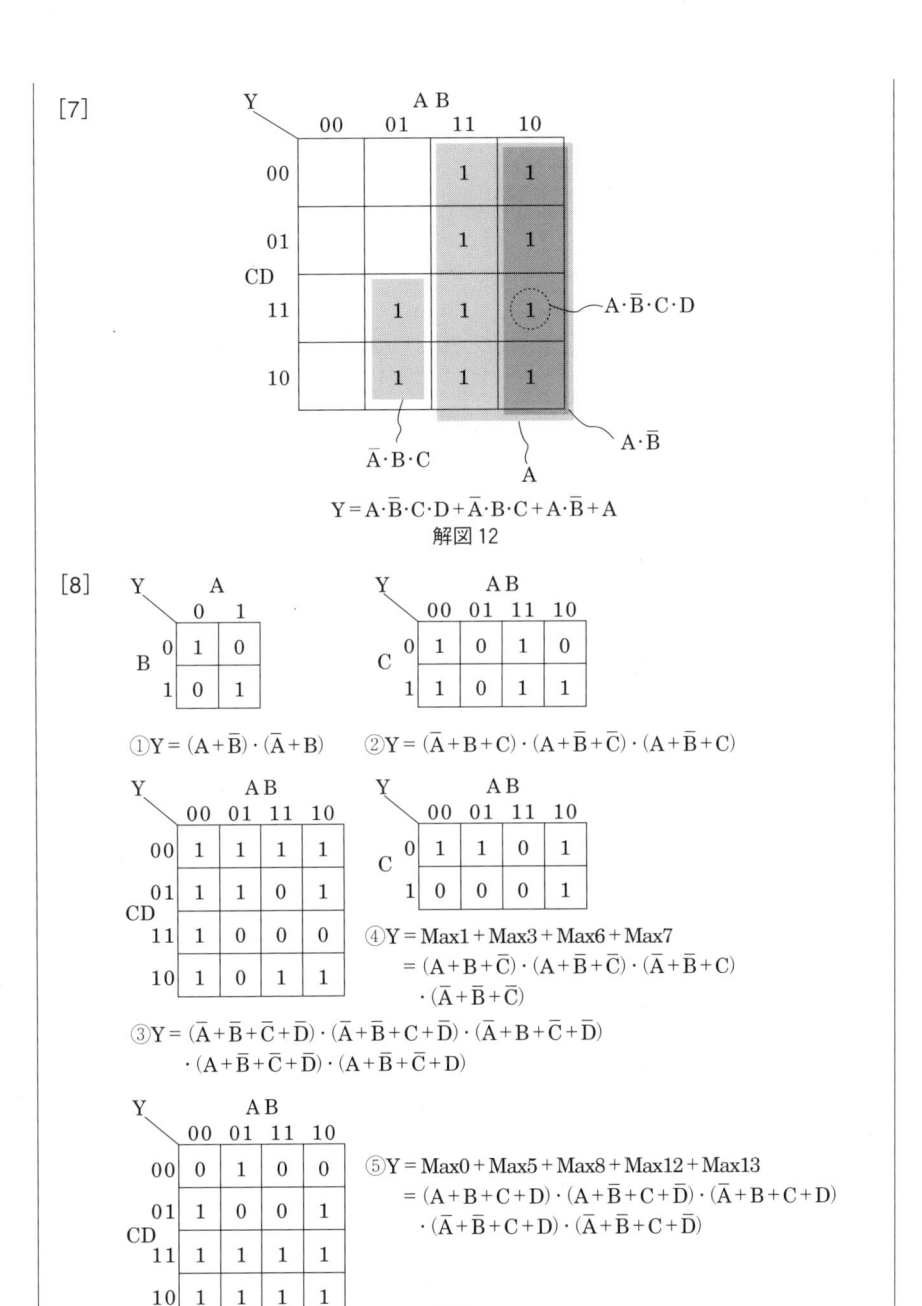

Y\CD \ AB	00	01	11	10
00			1	1
01			1	1
11		1	1	1
10		1	1	1

ラベル: $A \cdot \bar{B} \cdot C \cdot D$, $\bar{A} \cdot B \cdot C$, A, $A \cdot \bar{B}$

$Y = A \cdot \bar{B} \cdot C \cdot D + \bar{A} \cdot B \cdot C + A \cdot \bar{B} + A$

解図 12

[8]

Y\B \ A	0	1
0	1	0
1	0	1

① $Y = (A + \bar{B}) \cdot (\bar{A} + B)$

Y\C \ AB	00	01	11	10
0	1	0	1	0
1	1	0	1	1

② $Y = (\bar{A} + B + C) \cdot (A + \bar{B} + \bar{C}) \cdot (A + \bar{B} + C)$

Y\CD \ AB	00	01	11	10
00	1	1	1	1
01	1	1	0	1
11	1	0	0	0
10	1	0	1	1

③ $Y = (\bar{A} + \bar{B} + \bar{C} + \bar{D}) \cdot (\bar{A} + \bar{B} + C + \bar{D}) \cdot (\bar{A} + B + \bar{C} + \bar{D})$
$\cdot (A + \bar{B} + \bar{C} + \bar{D}) \cdot (A + \bar{B} + \bar{C} + D)$

Y\C \ AB	00	01	11	10
0	1	1	0	1
1	0	0	0	1

④ $Y = Max1 + Max3 + Max6 + Max7$
$= (A + B + \bar{C}) \cdot (A + \bar{B} + \bar{C}) \cdot (\bar{A} + \bar{B} + C)$
$\cdot (\bar{A} + \bar{B} + \bar{C})$

Y\CD \ AB	00	01	11	10
00	0	1	0	0
01	1	0	0	1
11	1	1	1	1
10	1	1	1	1

⑤ $Y = Max0 + Max5 + Max8 + Max12 + Max13$
$= (A + B + C + D) \cdot (A + \bar{B} + C + \bar{D}) \cdot (\bar{A} + B + C + D)$
$\cdot (\bar{A} + \bar{B} + C + D) \cdot (\bar{A} + \bar{B} + C + \bar{D})$

解図 13

[9]

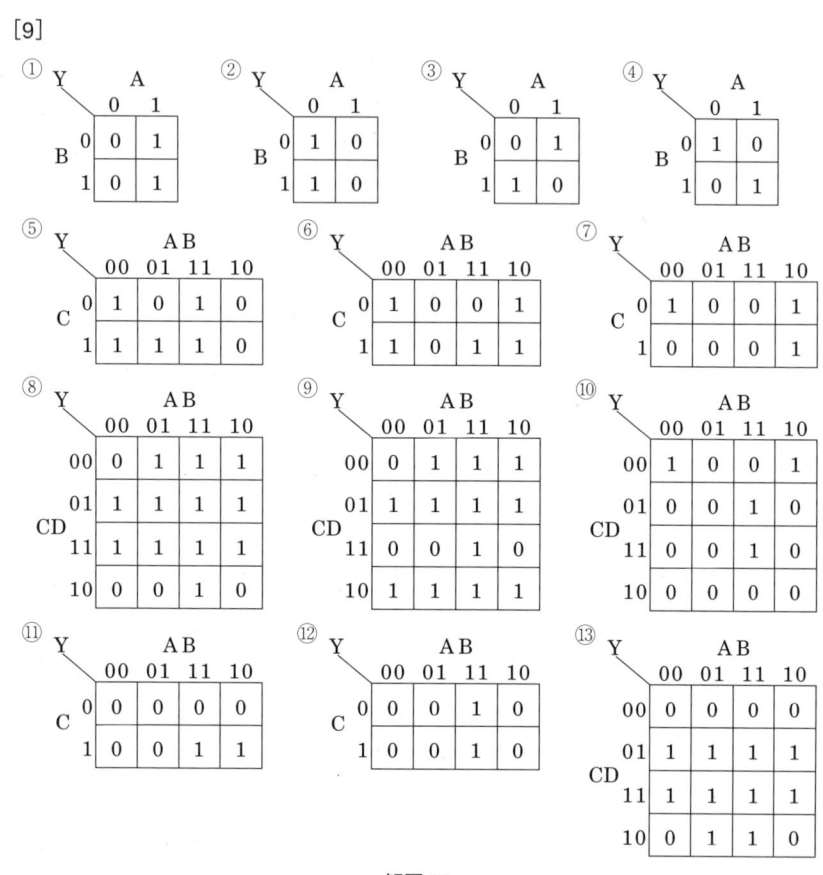

① Karnaugh map (A, B):
B\A	0	1
0	0	1
1	0	1

②
B\A	0	1
0	1	0
1	1	0

③
B\A	0	1
0	0	1
1	1	0

④
B\A	0	1
0	1	0
1	0	1

⑤
C\AB	00	01	11	10
0	1	0	1	0
1	1	1	1	0

⑥
C\AB	00	01	11	10
0	1	0	0	1
1	1	0	1	1

⑦
C\AB	00	01	11	10
0	1	0	0	1
1	0	0	0	1

⑧
CD\AB	00	01	11	10
00	0	1	1	1
01	1	1	1	1
11	1	1	1	1
10	0	0	1	0

⑨
CD\AB	00	01	11	10
00	0	1	1	1
01	1	1	1	1
11	0	0	1	0
10	1	1	1	1

⑩
CD\AB	00	01	11	10
00	1	0	0	1
01	0	0	1	0
11	0	0	1	0
10	0	0	0	0

⑪
C\AB	00	01	11	10
0	0	0	0	0
1	0	0	1	1

⑫
C\AB	00	01	11	10
0	0	0	1	0
1	0	0	1	0

⑬
CD\AB	00	01	11	10
00	0	0	0	0
01	1	1	1	1
11	1	1	1	1
10	0	1	1	0

解図 14

[10]

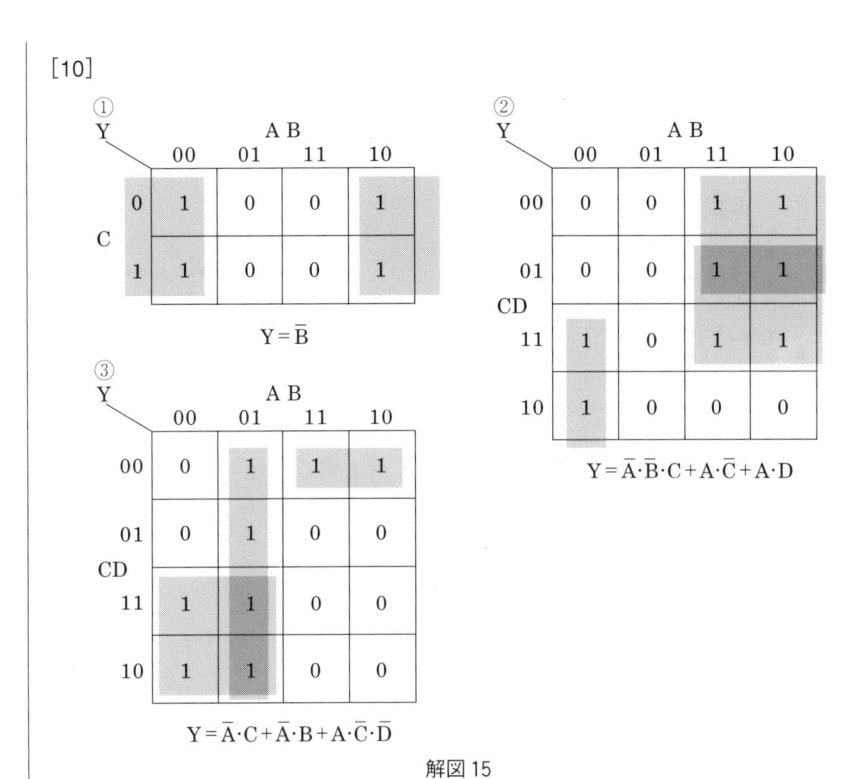

①

Y\	A B 00	01	11	10
C 0	1	0	0	1
1	1	0	0	1

$Y = \bar{B}$

②

Y\	A B 00	01	11	10
00	0	0	1	1
01	0	0	1	1
CD 11	1	0	1	1
10	1	0	0	0

$Y = \bar{A} \cdot \bar{B} \cdot C + A \cdot \bar{C} + A \cdot D$

③

Y\	A B 00	01	11	10
00	0	1	1	1
01	0	1	0	0
CD 11	1	1	0	0
10	1	1	0	0

$Y = \bar{A} \cdot C + \bar{A} \cdot B + A \cdot \bar{C} \cdot \bar{D}$

解図 15

[11]

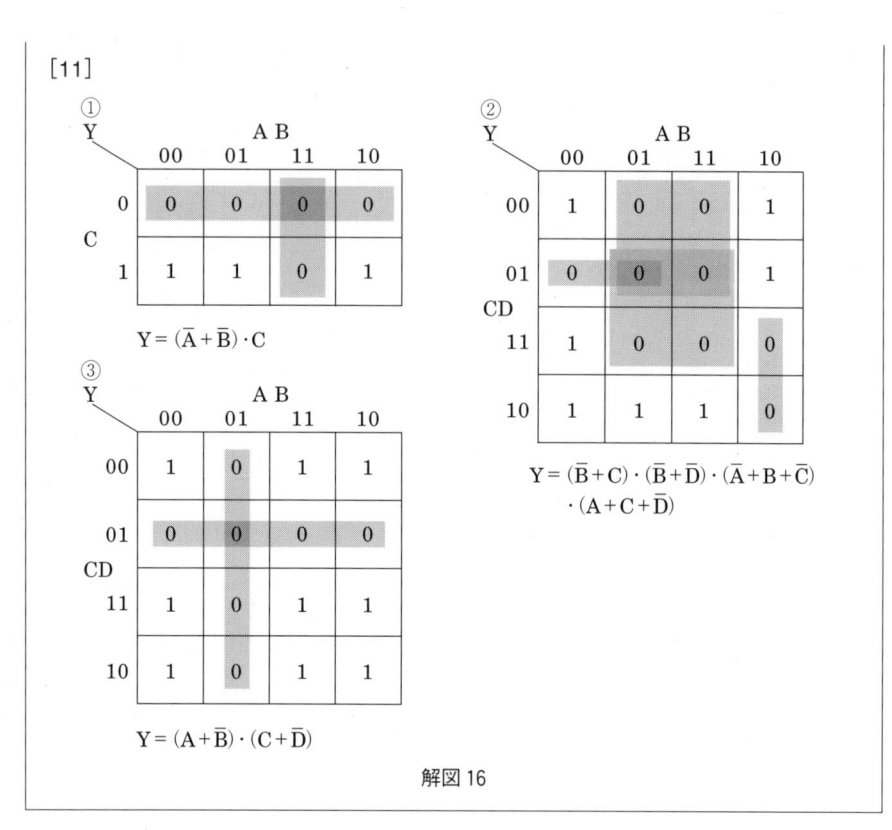

①

Y\\C＼AB	00	01	11	10
0	0	0	0	0
1	1	1	0	1

$Y = (\overline{A} + \overline{B}) \cdot C$

②

Y\\CD＼AB	00	01	11	10
00	1	0	0	1
01	0	0	0	1
11	1	0	0	0
10	1	1	1	0

$Y = (\overline{B} + C) \cdot (\overline{B} + \overline{D}) \cdot (\overline{A} + B + \overline{C}) \cdot (A + C + \overline{D})$

③

Y\\CD＼AB	00	01	11	10
00	1	0	1	1
01	0	0	0	0
11	1	0	1	1
10	1	0	1	1

$Y = (A + \overline{B}) \cdot (C + \overline{D})$

解図 16

6 章

[1]

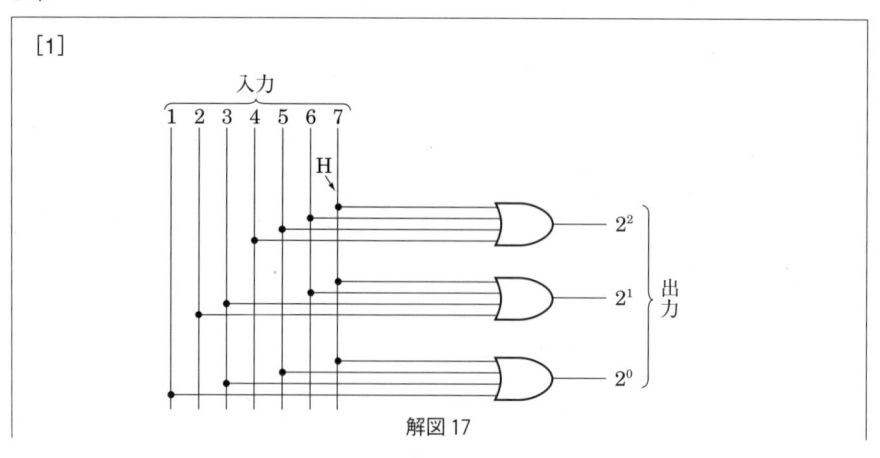

解図 17

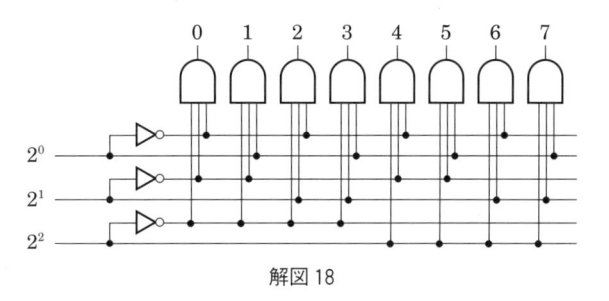

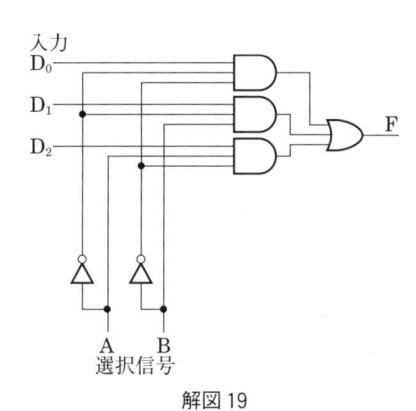

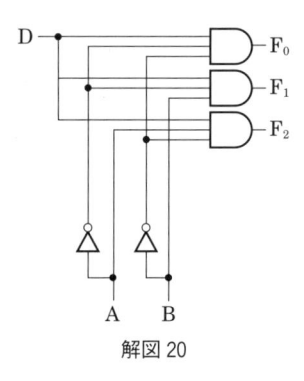

[2]

解図 18

[3]

解図 19

[4]

解図 20

[5]

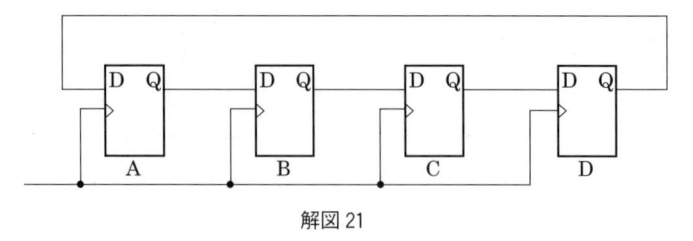

解図 21

[6] 本文参照
[7] 本文参照
[8] ストローブ入力による制御では，入力状態にかかわらず回路出力をある状態（すべて 1，すべて 0 など）に固定する。したがって，ディスプレイやモータ等の出力装置を強制的にディセーブル(disable)する場合などに用いられる。

7 章

[1] (1) 0　(2) 1　(3) 1
[2] 本文参照
[3] 本文参照
[4] (1) 本文参照
　　(2) 本文参照
　　(3)

解図 22

　　(4)

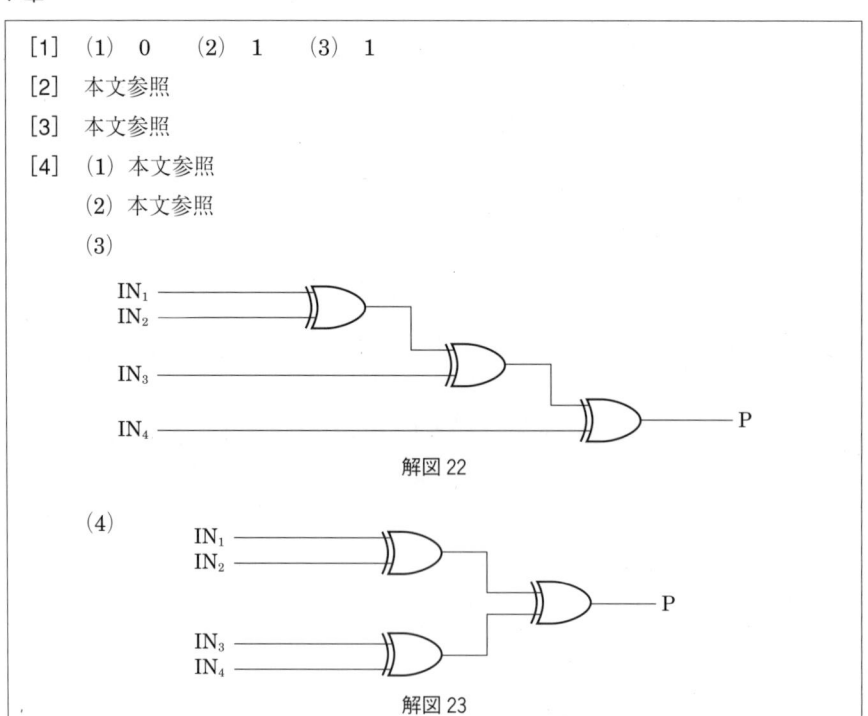

解図 23

[5]

```
          Q₃           Q₂           Q₁           Q₀
          │            │            │            │
   ┌──┬───┴──┐  ┌──┬───┴──┐  ┌──┬───┴──┐  ┌──┬───┴──┐
D ─┤J  Q├────┬─┤J     ├────┬─┤J     ├────┬─┤J     ├
   │      │  │ │      │    │ │      │    │ │      │
   ├─▷○─┤K  │  └─▷○─┤K    │  └─▷○─┤K    │  └─▷○─┤K
   │    └──┘      └──┘         └──┘         └──┘
φ ─┴────────────┴────────────┴────────────┴
```

解図 24

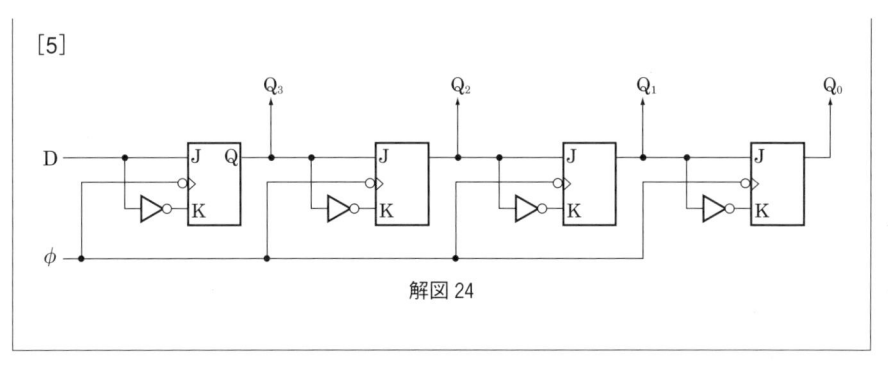

8章

[1]　$(2^{17} \times 4)/8 = 65\,536$ B

　　　1 024 bit を 1 KB とすると $65\,536/1\,024 = 64$ KB

[2]　rpm（revolutions per minute, 回転/分）は, 1 分間に何回転するかを表すもので, 2 400 回転/分は, $2\,400/60 = 40$ 回転/秒である。

　　　1 秒間に 40 回転するのであるから 1 回転当たり $1/40 = 0.025$ s

　　　　　最大回転待ち時間 $= 25$ ms

　　　　　平均回転待ち時間 = 最大回転待ち時間$/2 = 25/2 = 12.5$ ms

[3]　データ転送速度 $= 19\,000/0.025 = 760$ KB/s

　　　データ転送時間 $= 3\,800/760\,000 = 0.005 = 5$ ms

[4]　ブロック化係数 $= 10$ より, 15 万件のレコードを記録するのに必要なブロック数は,

　　　　　$150\,000/10 = 15\,000$ ブロック

　　　1 ブロック長は, レコード長×レコード数＋ブロック間隔 $= 600 \times 10 + 150 = 6150$ バイト

　　　1 トラックに記録できるブロック数は, $19\,000/6150 \fallingdotseq 3$ ブロック

　　　15 000 ブロック記録するのに必要なトラック数は, $15\,000/3 = 5\,000$ トラック

　　　1 シリンダ当たり 30 トラックであるから, 5 000 トラック記録するのに必要なシリンダ数は,

　　　　　$5\,000/30 \fallingdotseq 167$ シリンダ

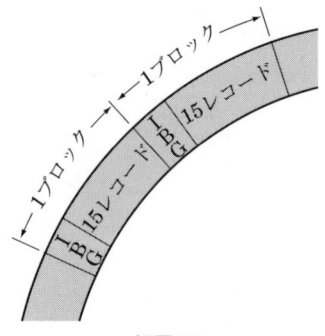

解図 25

[5] ①磁気ディスク装置の回転速度は 3 000 回 rpm，よって 1 秒間では，3 000/60＝50 回転/秒となる。

　　1 秒間に 50 回転であるから 1 回転当たりの時間は，1/50＝0.02 s＝20 ms

②平均回転待ち時間＝1/2×20＝10 ms

③参照時間＝平均シーク時間＋平均回転待ち時間＋データ転送時間＝30＋10＋5＝45 ms

④更新時間＝平均回転待ち時間＋データ転送時間＝10＋5＝15 ms

⑤X＝参照時間＋更新時間＝45＋15＝60 ms

⑥1 件の処理に必要な時間は，⑤より 60 ms. 1 000 件では，0.06×1 000＝60 s

⑦回転速度が 2 倍になったということは，3 000 rpm×2＝6 000 rpm＝1 000 回転/秒

　　よって回転待ち時間＝1/1 000＝0.01 秒＝10 ms

　　　平均回転待ち時間＝1/2×10＝5 ms

　　データ転送時間速度は回転速度に比例するので，回転速度が 2 倍になったということは，1/2 で 1/2×5＝2.5 ms になる。

　　よって，参照時間＝30＋5＋2.5＝37.5 ms

　　　更新時間＝5＋2.5＝7.5 ms

　　　X＝37.5＋7.5＝45 ms

⑧0.045×1 000＝45 s

9章

[1] (1) $\beta_3 = \beta_1 - \beta_2 = 20 - 5 = 15\%$

(2) (2次キャッシュヒット時のミスペナルティ)$\times \beta_3 +$(1次キャッシュ，2次キャッシュともにミス)$\times \beta_2$
$= 10 \times 0.15 + 40 \times 0.05 = 3.5$ 単位時間

[2] 本文参照

[3] 省略

[4] 省略

[5] 本文参照

[6] 省略

10章

[1]

プログラム（1）

$$\text{CPU クロックサイクル数} = \sum_{i=1}^{n} (CPI_i \times C_i)$$
$$= 2 \times 120 + 3 \times 100 + 4 \times 40 = 700$$

$$\text{CPU 時間 } T_{\text{CPU}} = \frac{\text{CPU クロックサイクル数}}{\text{クロック周波数}} = \frac{700}{500 \times 10^6} = 1.4\,\mu\text{s}$$

プログラム（2）

$$\text{CPU 時間 } T_{\text{CPU}} = \frac{\text{CPU クロックサイクル数}}{\text{クロック周波数}}$$
$$= \frac{2 \times 40 + 3 \times 200 + 4 \times 20}{500 \times 10^6} = 1.52\,\mu\text{s}$$

[2]

$$\text{MIPS 値} = \frac{\text{実行命令数}}{\text{CPU 時間 } T_{\text{CPU}}} \times 10^{-6} \text{ より，}$$

プログラム（1）

$$\frac{120 + 100 + 40}{1.4 \times 10^{-6}} \times 10^{-6} \fallingdotseq 186 \text{ MIPS}$$

プログラム（2）

$$\frac{40 + 200 + 20}{1.52 \times 10^{-6}} \times 10^{-6} \fallingdotseq 171 \text{ MIPS}$$

[3] (1) 0.54 (2) 0.995 (3) 0.588 (4) 0.931

[4] (1) すべての装置は直列接続なので，全体の稼働率は，
$A = \mathrm{CCU} \times \mathrm{CPU} \times \mathrm{MSU} \times \mathrm{DASD}$
$= 0.99 \times 0.98 \times 0.98 \times 0.95 \fallingdotseq 0.90$

(2) CPU と MSU は直列接続なので，この 2 装置の稼動率は，
$A' = 0.98 \times 0.98$ となる。
A' の部分は並列接続なので，これら 4 装置全体の稼動率は，
$A'' = 1 - (1-A')(1-A')$
すなわちシステム全体の稼動率は，
$A = \mathrm{CCU} \times \mathrm{SW} \times A'' \times \mathrm{SW} \times \mathrm{DASD}$
$= 0.99 \times 1 \times (1 - 0.98 \times 0.98)(1 - 0.98 \times 0.98) \times 1 \times 0.95 \fallingdotseq 0.94$

付　録

1. CPU とメモリの基本概念図（1 章）

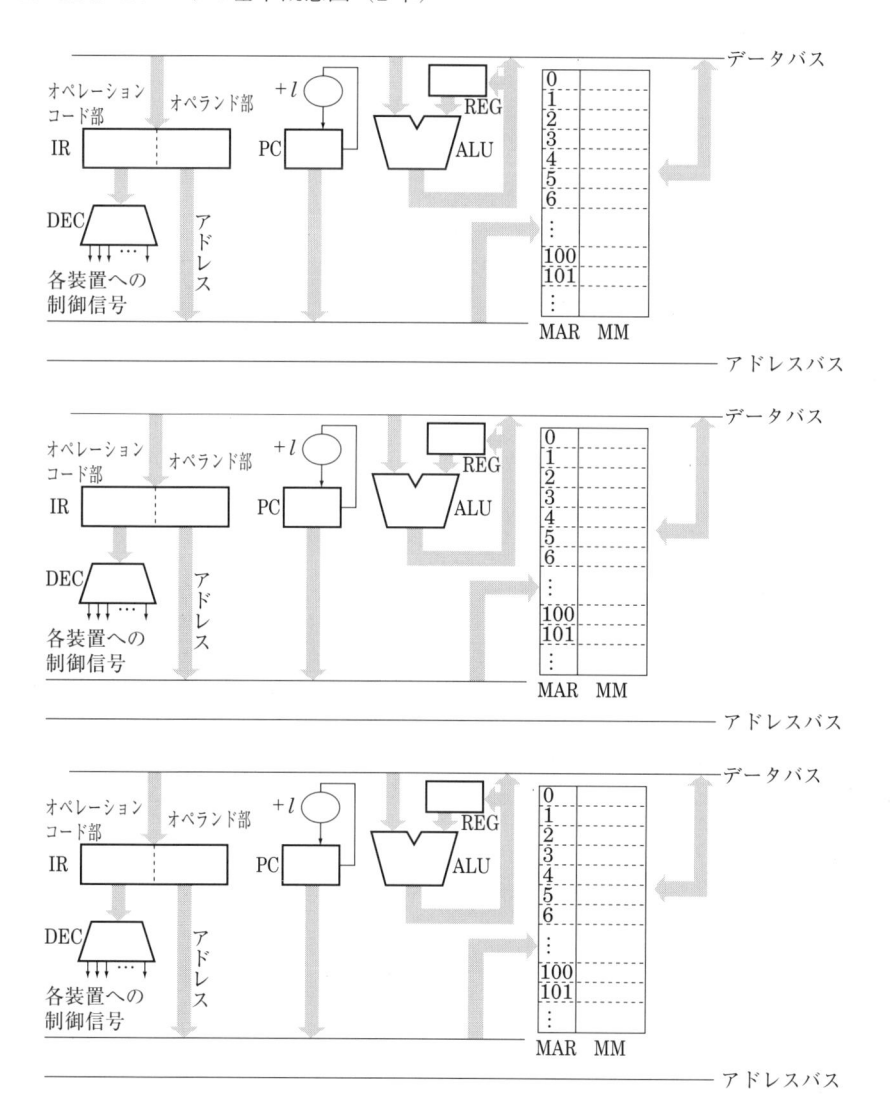

2. タイミングチャート用紙（4～6章）

3. テクニカルターム
【和英】

■ 英数字 ■

1次キャッシュメモリ（primary cache memory）
1の補数（one's-complement）
2次キャッシュメモリ（secondary cache memory）
2出力デマルチプレクサ（2-outputs demultiplexer）
2進-10進デコーダ（binary-decimal decoder）
2進化10進コード（binary coded decimal）
2進数（binary number）
2の補数（two's-complement）
2ビットアップ/ダウンカウンタ（2-bit up/down counter）
3ビットバイナリカウンタ（3-bit binary counter）
3増しコード（excess-3 code）
4出力デマルチプレクサ（4-outputs demultiplexer）
4入力マルチプレクサ（4-inputs multiplexer）
10進-2進エンコーダ（decimal-binary encoder）
10進数（decimal number）
16進数（hexadecimal number）

ALU → （算術論理演算装置）
ASA → （米国規格協会）
ASCIIコード（american standard code of information interchange）
BCD → （2進化10進コード）
BEP（back-end processor）
CCU → （通信制御装置）
CD（compact disc）
CISC（complex instruction set computer）
CM → （制御メモリ）
CPU → （中央処理装置）
CPU時間（CPU time）
DEC → （デコーダ）
DMAコントローラ（direct memory access controller）
DMA方式（direct memory access form）
DRAM（dynamic RAM）
DVD（digital video disc/digital versatile disc）
Dラッチ（D latch）
EBCDIC（extended binary coded decimal interchange code）
EEPROM（electrically EPROM）
EPROM（erasable PROM）
EUC（enhanced UNIX code）
FEP（front-end processor）
FF → （フリップフロップ）
FIFO（first-in first-out）
HDD → （ハードディスクドライブ）
I/O → （入出力装置）
I/Oバスライン（I/O bus-line）
I/OマップトI/O方式（I/O mapped I/O form）
IBG → （ブロック間隔）
IOP → （入出力制御装置）
IR → （命令レジスタ）
ISO → （国際標準化機構）
JISコード（JIS code）
LIFO（last-in first-out）
LSB（least significant bit）
MAR → （メモリアドレスレジスタ）
MFLOPS（million floating-point operations per second）
MIMD → （多重命令流多重データ流）
MIPS（million instructions per second）
MM → （メインメモリ）
MO（magnetic optical）
MSB（most significant bit）
MT（magnetic tape）
MTBF → （平均故障間隔）
MTTR → （平均修理時間）
NOP → （無操作命令）
OS（operating system）
PC → （プログラムカウンタ）
PROM（programmable ROM）
PU → （プロセッサユニット）

R·Sラッチ（R–S latch）
RAM（random access memory）
RAS（reliability, availability and serviceability）
REG → （レジスタ）
RISC（reduced instruction set computer）
ROM（read only memory）
SIMD → （単一命令流多重データ流）
SISD → （単一命令流単一データ流）
SPEC（standard performance evaluation corp.）
SRAM（static RAM）
VLIW（very long instruction word）

■ あ行 ■

アイドル時間（idle time）
アウト・オブ・オーダ方式（out-of-order form）
アクセスタイム（access time）
アベイラビリティ（availability）
アレイ乗算器（array multiplier）

位置決め時間（positioning time）
インデックス修飾（indexing）

ウェイ（way）

エンコーダ（encoder）
演算装置（arithmetic unit）
演算命令（operation command）

オペランド（operand）
オペレーションコード（operation code）

■ か行 ■

外部記憶装置（external storage / external memory）
外部割込み（external interrupt）
加減算器（adder-subtracter）
加算器（adder）
仮数（fraction）

カスケード接続（cascade connection）
カスケード接続三角形（cascade connection triangle）
稼働率（availability）
加法標準形（disjunctive canonical form）
可用性（availability）
カルノー図（Karnaugh map）
間接アドレス指定方式（indirect addressing form）

記憶容量（storage capacity）
基数（radix）
奇数デコーダ（odd number decoder）
基底アドレス（base address）
揮発性メモリ（volatile memory）
キャッシュヒット（cache hit）
キャッシュミス（cache miss）
キャッシュメモリ（cache memory）
キャリルックアヘッド回路（carry look-a head circuit）
競合ミス（conflict miss）

偶数デコーダ（even number decoder）
組合せ回路（conbinational circuit）
クリティカルパス（critical path）
グレイコード（gray code）
クロック（clock）

ゲート回路（gate circuit）
桁上がり（carry）
桁上がり出力（carry out）
桁上がり入力（carry in）
結線論理制御方式（wired-logic control form）

国際標準化機構（international organization for standardization）
コヒーレンシ（coherency）
コンパルソリミス（compulsory miss）

■ さ行 ■

サーチ時間（search time）

サイクルタイム（cycle time）
最小項（minterm）
最大項（maxterm）
最大動作周波数（maximum operating frequency）
算術論理演算装置（arithmetic-logic unit）

シーク時間（seek time）
指数（exponent）
実効アドレス（effective address）
実行フェイズ（execution phase）
指標アドレス指定方式（index addressing form）
指標レジスタ（index register）
シフトモード（shift mode）
シフトレジスタ（shift register）
集中共有メモリ方式（centralized shared memory form）
修理率（repair rate）
主記憶装置（main memory unit）
出力装置（output unit）
順序回路（sequential circuit）
乗法標準形（conjunctive canonical form）
ジョンソンカウンタ（johnson counter）
シリアルアクセス方式（serial access form）
シリンダ（cylinder）
シンクロナス DRAM（Synchronous DRAM）
信頼度（reliability）
真理値表（truth table）

スーパスカラ（super scalar）
スーパパイプライン（super pipeline）
数値データ（numeric data）
スカラ（scalar）
スカラ演算（calar operation）
スケージュリング（scheduling）
ステージ（stage）
ストローブ入力（strobe input）
ストローブ入力付き 4 ビットレジスタ（4-bit register with a strobe input）
ストローブ入力付きデコーダ（decoder with a strobe input）
ストローブ入力付きデマルチプレクサ（demultiplexer with a strobe input）
ストローブ入力付きマルチプレクサ（multiplexer with a strobe input）
スループット（through put）

正規化（normalise）
制御コード（control code）
制御装置（control unit）
制御ハザード（control hazard）
制御命令（control command）
制御メモリ（control memory）
セット（set）
セットアソシエイティブ方式（set associative form）
セレクタチャネル方式（selector channel form）
全加算器（full adder）
センスアンプ（sense amplifier）

ゾーン形式（zone form）
相対アドレス指定方式（relative addressing form）
即値アドレス指定（immediate addressing）

■ た行 ■

待機電流（standby current）
ダイレクトマッピング（direct mapping）
多重レベル割込み（multilevel interrupt）
立ち上がる（rise）
立ち下がる（fall）
段数（number of stages）

チップセット（chip set）
チャネル（channel）
中央処理装置（central processing unit）
直接アドレス指定方式（direct addressing form）
直列入力（serial input）

通信制御装置（communication control unit）

データ転送速度（data transfer rate）
データ転送命令（data transfer command）
データハザード（data hazard）
デコーダ（decoder）
デマルチプレクサ（demultiplexer）
電流消費（current consumption）

ド・モルガンの定理（de Morgan's theorem）
同期式（synchronous）
同期式 8 進 UP カウンタ（synchronous octal up counter）
同期式カウンタ（synchronous counter）
同期式直列キャリ UP カウンタ（synchronous serial carry up counter）
同期直列キャリ DOWN カウンタ（synchronous serial carry down counter）
動作電流（operating current）
トラック（track）

■ な行 ■
内部割込み（internal interrupt）

入出力制御装置（input output processor）
入出力装置（input/output）
入力装置（input unit）

ネガティブエッジトリガ型（negative edge trigger type）

ノイマン（J.Von Neumann）
ノイマン型コンピュータ（von Neumann type computer）

■ は行 ■
バースト転送（burst transfer）
バーストモード（burst mode）
ハードディスク（hard disc）
ハードディスクドライブ（hard disk drive）
バイアス表現（biased representation）
バイト（byte）

パイプライン処理（pipeline processing）
パイプラインハザード（pipeline hazard）
パケット（packet）
ハザード（hazard）
パック形式（pack form）
パリティビット（parity bit）
半加算器（half adder）
バンク（bank）

非数値データ（nonnumeric data）
ヒット率（hit rate）
非同期式（asynchronous）
標準積和形（sum of products form）
標準和積形（product of sums form）

ブール代数（Boolean algebra）
ファームウェア（firm ware）
フェッチフェイズ（fetch phase）
不揮発性（non volatile）
浮動小数点表記（floating-point number representation）
プライオリティエンコーダ（priority encoder）
フラッシュメモリ（flash memory）
フリップフロップ（flip flop）
フルアソシエイティブ方式（full associative form）
プログラムカウンタ（program counter）
プログラム内蔵式（stored program form）
プロセッサユニット（processor unit）
ブロック（block）
ブロック間隔（inter block gap）
分散共有メモリ方式（distributed shared memory form）

ベースアドレス（base address）
ベースアドレス指定方式（base addressing form）
ベースレジスタ（base register）
平均故障間隔（mean time between failures）
平均修理時間（mean time to repair）
平均待ち時間（average latency time）

米国標準協会（american standards association）
並列入力（parallel input）
ベクタ割込み（vectored interrupt）
ベクトルプロセッサ（vector processor）
変位（displacement）
変化点（turning point）
ベンチマーク（bench mark）

ポインタアドレス（pointer address）
ポジショニング時間（positioning time）
ポジティブエッジトリガ型（positive edge trigger type）
保守度（serviceability）
補助記憶装置（auxiliary storage）

■ ま行 ■

マイクロプログラム（microprogram）
マイクロプログラム制御方式（microprogrammed control form）
マスク ROM（mask ROM）
待ち時間（latency time）
マッピング（mapping）
マルチバンク構成（multi-bank composition）
マルチプレクサ（multiplexer）
マルチプレクサチャネル方式（multiplexer channel form）
マルチプレクスモード（multiplex mode）
マルチプログラミング方式（multi programming form）
マルチプロセッサ（multi-processor）

ミスペナルティ（miss penalty）
ミス率（miss rate）

無操作命令（no operation）

命令レジスタ（instruction register）
メインメモリ（main memory）
メモリアドレスレジスタ（memory address register）

メモリインタリーブ（memory interleaving）
メモリ間接（memory indirect）
メモリセル（memory cell）
メモリマップト I/O（memory mapped I/O）

文字コード（character code）

■ や行 ■

容量ミス（capacity miss）

■ ら行 ■

ライトスルー方式（write through form）
ライトバック方式（write back form）
ラッチ回路（latch circuit）
ラムバス DRAM（Rambus DRAM）
ランダムアクセス方式（random access form）

リップルカウンタ（ripple counter）
リップルキャリ（ripple-carry）
リフレッシュ（refresh）
リロケータブル（relocatable）
リングカウンタ（ring counter）

ルーピング（looping）

レコード数（number of records）
レジスタ（register）
レスポンスタイム（response time）

ロードモード（load mode）

■ わ行 ■

割込み処理（interrupt processing）
割込みベクタ（interrupt vector）
ワンタイム ROM（one time ROM）

【英和】

■ 数字 ■

2-bit up/down counter（2 ビットアップ/ダウンカウンタ）
2-outputs demultiplexer（2 出力デマルチプレクサ）
3-bit binary counter（3 ビットバイナリカウンタ）
4-bit register with a strobe input（ストローブ入力付き 4 ビットレジスタ）
4-inputs multiplexer（4 入力マルチプレクサ）
4-outputs demultiplexer（4 出力デマルチプレクサ）

■ A ■

access time（アクセスタイム）
adder（加算器）
adder-subtracter（加減算器）
ALU（算術論理演算装置）
american standard code of information interchange（ASCII コード）
american standards association（米国標準協会［ASA］）
arithmetic unit（演算装置）
arithmetic-logic unit（算術論理演算装置［ALU］）
array multiplier（アレイ乗算器）
ASA（米国標準協会）
asynchronous（非同期式）
auxiliary storage（補助記憶装置）
availability（可用度/稼働率）
average latency time（平均待ち時間）

■ B ■

back-end processor（BEP）
bank（バンク）
base address（基底アドレス）
base addressing form（ベースアドレス指定方式）
base register（ベースレジスタ）
BCD（2 進化 10 進コード）
bench mark（ベンチマーク）
biased representation（バイアス表現）
binary coded decimal（2 進化 10 進コード［BCD］）
binary number（2 進数）
binary-decimal decoder（2 進-10 進デコーダ）
block（ブロック）
Boolean algebra（ブール代数）
burst mode（バーストモード）
burst transfer（バースト転送）
byte（バイト）

■ C ■

cache hit（キャッシュヒット）
cache memory（キャッシュメモリ）
cache miss（キャッシュミス）
capacity miss（容量ミス）
carry（桁上がり）
carry in（桁上がり入力）
carry look-a head circuit（キャリルックアヘッド回路）
carry out（桁上がり出力）
cascade connection（カスケード接続）
cascade connection triangle（カスケード接続三角形）
central processing unit（中央処理装置［CPU］）
centralized shared memory form（集中共有メモリ方式）
channel（チャネル）
character code（文字コード）
chip set（チップセット）
clock（クロック）
CM（制御メモリ）
coherency（コヒーレンシ）
communication control unit（通信制御装置［CCU］）
compact disc（CD）
complex instruction set computer（CISC）

compulsory miss（コンパルソリミス）
conbinational circuit（組合せ回路）
conflict miss（競合ミス）
conjunctive canonical form（乗法標準形）
control code（制御コード）
control command（制御命令）
control hazard（制御ハザード）
control memory（制御メモリ［CM］）
control unit（制御装置）
CPU（中央処理装置）
CPU time（CPU 時間）
critical path（クリティカルパス）
current consumption（電流消費）
cycle time（サイクルタイム）
cylinder（シリンダ）

■ D ■

D latch（D ラッチ）
data hazard（データハザード）
data transfer command（データ転送命令）
data transfer rate（データ転送速度）
de Morgan's theorem（ド・モルガンの定理）
DEC（デコーダ）
decimal number（10 進数）
decimal-binary encoder（10 進-2 進エンコーダ）
decoder（デコーダ［DEC］）
decoder with a strobe input（ストローブ入力付きデコーダ）
demultiplexer（デマルチプレクサ）
demultiplexer with a strobe input（ストローブ入力付きデマルチプレクサ）
digital video disc/digital versatile disc（DVD）
direct addressing form（直接アドレス指定方式）
direct mapping（ダイレクトマッピング）
direct memory access controller（DMA コントローラ）
direct memory access form（DMA 方式）
disjunctive canonical form（加法標準形）
displacement（変位）
distributed shared memory form（分散共有メモリ方式）
dynamic RAM（DRAM）

■ E ■

effective address（実効アドレス）
electrically EPROM（EEPROM）
encoder（エンコーダ）
enhanced UNIX code（EUC）
erasable PROM（EPROM）
even number decoder（偶数デコーダ）
excess-3 code（3 増しコード）
execution phase（実行フェイズ）
exponent（指数）
extended binary coded decimal interchange code（EBCDIC）
external interrupt（外部割込み）
external storage/external memory（外部記憶装置）

■ F ■

fall（立ち下がる）
fetch phase（フェッチフェイズ）
FF（フリップフロップ）
firm ware（ファームウェア）
first-in first-out（FIFO）
flash memory（フラッシュメモリ）
flip flop（フリップフロップ［FF］）
floating-point number representation（浮動小数点表記）
fraction（仮数）
front-end processor（FEP）
full adder（全加算器）
full associative form（フルアソシエイティブ方式）

■ G ■

gate circuit（ゲート回路）
gray code（グレイコード）

■ H ■

half adder（半加算器）
hard disc（ハードディスク）
hard disk drive（ハードディスクドライブ [HDD]）
hazard（ハザード）
HDD（ハードディスクドライブ）
hexadecimal number（16進数）
hit rate（ヒット率）

■ I ■

I/O（入出力装置）
I/O bus-line（I/Oバスライン）
I/O mapped I/O form（I/OマップトI/O方式）
IBG（ブロック間隔）
idle time（アイドル時間）
immediate addressing（即値アドレス指定）
index addressing form（指標アドレス指定方式）
index register（指標レジスタ）
indexing（インデックス修飾）
indirect addressing form（間接アドレス指定方式）
input output processor（入出力制御装置[IOP]）
input unit（入力装置）
input/output（入出力装置 [I/O]）
instruction register（命令レジスタ [IR]）
inter block gap（ブロック間隔 [IBG]）
internal interrupt（内部割込み）
international organization for standardization（国際標準化機構 [ISO]）
interrupt processing（割込み処理）
interrupt vector（割込みベクタ）
IOP（入出力制御装置）
IR（命令レジスタ）
ISO（国際標準化機構）

■ J ■

J.Von Neumann（ノイマン）
JIS code（JISコード）

johnson counter（ジョンソンカウンタ）

■ K ■

Karnaugh map（カルノー図）

■ L ■

last-in first-out（LIFO）
latch circuit（ラッチ回路）
latency time（待ち時間）
least significant bit（最下位ビット [LSB]）
load mode（ロードモード）
looping（ルーピング）

■ M ■

magnetic optical（MO）
magnetic tape（MT）
main memory（メインメモリ [MM]）
main memory unit（主記憶装置）
mapping（マッピング）
MAR（メモリアドレスレジスタ）
mask ROM（マスクROM）
maximum operating frequency（最大動作周波数）
maxterm（最大項）
mean time between failures（平均故障間隔 [MTBF]）
mean time to repair（平均修理時間 [MTTR]）
memory address register（メモリアドレスレジスタ [MAR]）
memory cell（メモリセル）
memory indirect（メモリ間接）
memory interleaving（メモリインタリーブ）
memory mapped I/O（メモリマップトI/O）
microprogram（マイクロプログラム）
microprogrammed control form（マイクロプログラム制御方式）
million floating-point operations per second（MFLOPS）
million instructions per second（MIPS）
MIMD（多重命令流多重データ流）

minterm（最小項）
miss penalty（ミスペナルティ）
miss rate（ミス率）
MM（メインメモリ）
most significant bit（最下位ビット［MSB］)
MTBF（平均故障間隔）
MTTR（平均修理時間）
multi programming form（マルチプログラミング方式）
multi-bank composition（マルチバンク構成）
multilevel interrupt（多重レベル割込み）
multiplex mode（マルチプレクスモード）
multiplexer（マルチプレクサ）
multiplexer channel form（マルチプレクサチャネル方式）
multiplexer with a strobe input（ストローブ入力付きマルチプレクサ）
multi-processor（マルチプロセッサ）

■ N ■

negative edge trigger type（ネガティブエッジトリガ型）
no operation（無操作命令［NOP］)
non volatile（不揮発性）
nonnumeric data（非数値データ）
NOP（無操作命令）
normalise（正規化）
number of records（レコード数）
number of stages（段数）
numeric data（数値データ）

■ O ■

odd number decoder（奇数デコーダ）
one time ROM（ワンタイムROM）
one's-complement（1の補数）
operand（オペランド）
operating current（動作電流）
operating system（OS）
operation code（オペレーションコード）
operation command（演算命令）

out-of-order form（アウト・オブ・オーダ方式）
output unit（出力装置）

■ P ■

pack form（パック形式）
packet（パケット）
parallel input（並列入力）
parity bit（パリティビット）
PC（プログラムカウンタ）
pipeline hazard（パイプラインハザード）
pipeline processing（パイプライン処理）
pointer address（ポインタアドレス）
positioning time（位置決め時間）
positioning time（ポジショニング時間）
positive edge trigger type（ポジティブエッジトリガ型）
primary cache memory（1次キャッシュメモリ）
priority encoder（プライオリティエンコーダ）
processor unit（プロセッサユニット［PU］)
product of sums form（標準和積形）
program counter（プログラムカウンタ［PC］)
programmable ROM（PROM）
PU（プロセッサユニット）

■ R ■

radix（基数）
Rambus DRAM（ラムバスDRAM）
random access form（ランダムアクセス方式）
random access memory（RAM）
read only memory（ROM）
reduced instruction set computer（RISC）
refresh（リフレッシュ）
REG（レジスタ）
register（レジスタ［REG］)
relative addressing form（相対アドレス指定方式）
reliability（信頼度）
reliability, availability and serviceability（RAS）
relocatable（リロケータブル）

付　録　193

repair rate（修理率）
response time（レスポンスタイム）
ring counter（リングカウンタ）
ripple counter（リップルカウンタ）
ripple-carry（リップルキャリ）
rise（立ち上がる）
R-S latch（R・Sラッチ）

■ S ■

scalar（スカラ）
scalar operation（スカラ演算）
scheduling（スケージュリング）
search time（サーチ時間）
secondary cache memory（2次キャッシュメモリ）
seek time（シーク時間）
selector channel form（セレクタチャネル方式）
sense amplifier（センスアンプ）
sequential circuit（順序回路）
serial access form（シリアルアクセス方式）
serial input（直列入力）
serviceability（保守度）
set（セット）
set associative form（セットアソシエイティブ方式）
shift mode（シフトモード）
shift register（シフトレジスタ）
SIMD（単一命令流多重データ流）
SISD（単一命令流単一データ流）
stage（ステージ）
standard performance evaluation corp.（SPEC）
standby current（待機電流）
static RAM（SRAM）
storage capacity（記憶容量）
stored program form（プログラム内蔵式）
strobe input（ストローブ入力）

sum of products form（標準積和形）
super pipeline（スーパパイプライン）
super scalar（スーパスカラ）
synchronous（同期式）
synchronous counter（同期式カウンタ）
Synchronous DRAM（シンクロナス DRAM）
synchronous octal up counter（同期式8進UPカウンタ）
synchronous serial carry down counter（同期直列キャリ DOWN カウンタ）
synchronous serial carry up counter（同期式直列キャリ UP カウンタ）

■ T ■

through put（スループット）
track（トラック）
truth table（真理値表）
turning point（変化点）
two's-complement（2の補数）

■ V ■

vector processor（ベクトルプロセッサ）
vectored interrupt（ベクタ割込み）
very long instruction word（VLIW）
volatile memory（揮発性メモリ）
von Neumann type computer（ノイマン型コンピュータ）

■ W ■

way（ウェイ）
wired-logic control form（結線論理制御方式）
write back form（ライトバック方式）
write through form（ライトスルー方式）

■ Z ■

zone form（ゾーン形式）

参考文献

1) 電子情報通信学会編「LSI ハンドブック」1984，オーム社
2) 香山晋著「超高速 MOS デバイス」1986，培風館
3) サブロー・ムロガ著「VLSI システム設計」1989，啓学出版
4) 浅川毅著「図解やさしい論理回路の設計」1991，オーム社
5) C・ミード/L コンウェイ共著「超 LSI システム入門」1992，培風館
6) 楠菊信，武末勝，脇村慶明共著「コンピュータの論理構成とアーキテクチャ」1995，コロナ社
7) 馬場敬信著「コンピュータアーキテクチャ」2000，オーム社
8) 曽和将容著「コンピュータアーキテクチャ原理」2000，コロナ社
9) M. モリス・マノ著「コンピュータアーキテクチャ」2000，科学技術出版
10) ジョン・L. ヘネシー，ディビッド・A. パターソン共著「コンピュータの構成と設計」2001，日経 BP 社
11) 浅川毅著「基礎コンピュータ工学」2002，東京電機大学出版局

索引

■ 英数字

1次キャッシュメモリ　137
1の補数　23
2次キャッシュメモリ　137
2出力デマルチプレクサ　78
2進-10進デコーダ　76
2進化10進コード　26
2進数　20
2値論理　33
2の補数　23
2ビットアップ/ダウンカウンタ　45
3増しコード　26
4出力デマルチプレクサ　78
4入力マルチプレクサ　77
10進-2進エンコーダ　75
10進数　20
16進数　21
ALU　4
ASA　28
ASCIIコード　27
BCD　26
BEP　159
CCU　157
CD　116
CISC　13
CM　93
CPU　3
CPU時間　156
DEC　3
DMAコントローラ　132
DMA方式　132
DRAM　115, 120
DVD　116
Dラッチ　41
EBCDIC　28
EEPROM　123

EPROM　123
EUC　30
FEP　159
FF　42
FIFO　120
HDD　125
I/O　130
I/Oバスライン方式　117
I/OマップトI/O方式　130
IBG　128
IOP　131
IR　3
ISO　28
JISコード7単位　29
JISコード8単位　29
LIFO　120
LSB　20
MAR　4
MFLOPS　156
MIMD　152
MIPS　156
MM　4
MO　116
MSB　20
MT　116
MTBF　160
MTTR　160
NOP　13
OS　116
PC　1, 3
PROM　123
PU　152
R・Sラッチ　41
RAM　120
RAS　160
REG　4
RISC　13
ROM　120
SIMD　152

SISD　144
SPEC　157
SRAM　116, 120
VLIW　14, 150

■ あ行

アイドル時間　135
アウト・オブ・オーダ方式　149
アクセスタイム　118
アドレス
　　間接――指定　16
　　基底――　17
　　実効――　16
　　指標――　17
　　相対――指定　17
　　即値――指定　15
　　直接――指定　15
　　ベース――　17
　　ベース――指定　17
　　メモリ――レジスタ　4
アベイラビリティ　160
アレイ乗算　113

位置決め時間　127
インデックス修飾　17

ウェイ　139

エンコーダ　75
　　10進-2進――　75
演算装置　2
演算命令　11

オペランド　13
オペレーションコード　13

■ か行

回転待ち時間 127
外部記憶装置 116
外部割込み 95
回路
    組合せ── 37
    ゲート── 37
    順序── 41
カウンタ
    2ビットアップ／ダウンカ
      ウンタ── 45
    3ビットバイナリ── 44
    ジョンソン── 89
    同期式── 86
    同期式8進UP── 86
    同期式直列キャリDOWN
      ── 86
    同期式直列キャリUP──
      86
    リップル── 81
    リング── 89
加減算器 102
加算器 100
仮数 24
カスケード接続 79
稼働率 160
加法標準形 52
可用度 160
カルノー図 58
間接アドレス指定方式 16
間接制御方式 131

記憶容量 118
基数 20
奇数デコーダ 98
基底アドレス 17
揮発性メモリ 123
キャッシュヒット 139
キャッシュミス 139
キャッシュメモリ 116, 137
キャリルックアヘッド回路
  104

競合ミス 140
偶数デコーダ 98
組合せ回路 37
繰返し除算 113
クリティカルパス 104
グレイコード 26
クロック 42

ゲート回路 37
桁上がり 100
桁上がり出力 101
桁上がり入力 102
結線論理制御方式 92

コード
    2進化10進── 26
    3増し── 26
    ASCII── 27
    JIS── 29
    グレイ── 26
    制御── 27
    文字── 27
国際標準化機構 28
コヒーレンシ 141
コンパルソリミス 140

■ さ行

サーチ時間 127
サイクルタイム 118
最小項 49
最大項 49
最大動作周波数 118
三角形カスケード接続 100
算術論理演算装置 4

シーク時間 127
時間
    CPU── 156
    アイドル── 135
    位置決め── 127
    サーチ── 127
    シーク── 127

平均修理── 160
平均待ち── 127
ポジショニング── 127
待ち── 127, 135
指数 24
実効アドレス 16
実行フェイズ 91
指標アドレス指定方式 16
指標レジスタ 17
シフトモード 108
シフトレジスタ 106
集中共有メモリ方式 152
修理率 160
主記憶装置 2
出力装置 3
順序回路 41
消費電流 118
乗法標準形 52, 63
ジョンソンカウンタ 89
シリアルアクセス方式 119
シリンダ 126
シンクロナスDRAM 144
信頼度 160
真理値表 35

スーパスカラ 149
スーパパイプライン 148
数値データ 19
スカラ 149
スカラ演算 149
スケージュリング 150
ステージ 144
ストローブ付き4ビットレジ
  スタ 106
ストローブ入力 78
ストローブ入力付き2入力4
  出力デコーダ 78
ストローブ入力付きデマルチプ
  レクサ 79
ストローブ入力付きマルチプレ
  クサ 79
スループット 155

正規化 25

制御コード 27
制御装置 2
制御ハザード 147
制御メモリ 93
セット 139
セットアソシエイティブ方式 138
セレクタチャネル方式 131
全加算器 102
センスアンプ 121

ゾーン形式 26
相対アドレス指定方式 17
即値アドレス指定方式 15

■ た行

待機電流 118
ダイレクトマッピング方式 139
多重命令流,多重データ流 152
多重レベル割込み 96
立ち上がる 42
立ち下がる 42
単一命令流多重データ流 152
単一命令流単一データ流 144
段数 145

チップセット 131
チャネル 131
中央処理装置 2
直接アドレス指定方式 15
直列入力型 106
直列入力左シフト型シフトレジスタ 108
直列入力右シフト型シフトレジスタ 106

通信制御装置 157

データ転送速度 128
データ転送命令 11
データハザード 146

デコーダ 3, 76
　2進-10進── 76
デマルチプレクサ 77
　2出力── 78
　4出力── 78
　ストローブ入力付き── 79

ド・モルガンの定理 36
同期式 81
同期式3ビットバイナリカウンタ 44
同期式8進UPカウンタ 86
同期式カウンタ 86
同期直列キャリDOWNカウンタ 86
同期式直列キャリUPカウンタ 86
動作電流 118
同時割込み 96
トラック 125

■ な行

内部割込み 95

入出力制御装置 131
入出力装置 130
入力装置 3

ネガティブエッジトリガ型 42

ノイマン 1
ノイマン型コンピュータ 1

■ は行

バースト転送 144
バーストモード 131
ハードディスク 116
ハードディスクドライブ 125
バイアス表現 23
バイト 118

パイプライン処理 145
パイプラインハザード 146
パケット 14
ハザード 89
パック形式 26
パリティビット 97
半加算器 101
バンク 143

非数値データ 19
左シフト型 106
ヒット率 140
非同期式 81
標準積和形 52
標準和積形 52

ブール代数 33
ファームウェア 93
フェッチフェイズ 91
不揮発性 123
浮動小数点表記 24
プライオリティエンコーダ 96
フラッシュメモリ 123
フリップフロップ 42
フルアソシエイティブ方式 138
プログラムカウンタ 1, 3
プログラム制御命令 12
プログラム内蔵式 1
プロセッサユニット 152
ブロック 138
ブロック間隔 128
分散共有メモリ方式 152

ベースアドレス 17
ベースアドレス指定方式 17
ベースレジスタ 17
平均回転待ち時間 127
平均故障間隔 160
平均修理時間 160
米国標準協会 28
並列入力型 106

並列入力型シフトレジスタ 108
ベクタ割込み 95
ベクトルプロセッサ 151
変位分 17
変化点 43
ベンチマーク 157

ポインタアドレス 120
ポジショニング時間 127
ポジティブエッジトリガ型 42
保守度 160
補助記憶装置 116

■ ま行

マイクロプログラム 93
マイクロプログラム制御方式 92
マスク ROM 123
待ち時間 135
マッピング 138
マルチバンク 143
マルチバンク構成 142
マルチプレクサ 77
　　4入力—— 77
　　ストローブ入力付き—— 79
マルチプレクサチャネル方式 132
マルチプレクスモード 132
マルチプログラミング方式 135
マルチプロセッサ 152

右シフト型 106
ミスペナルティ 139
ミス率 140

無操作命令 13

命令
　演算—— 11
　制御—— 12
　データ転送—— 11
　無操作—— 13
命令長 5
命令レジスタ 3
メインメモリ 4
メモリアドレスレジスタ 4
メモリインタリーブ 143
メモリ間接 16
メモリセル 117
メモリマップト I/O 130

文字コード 27

■ や行

容量ミス 140

■ ら行

ライトスルー方式 141
ライトバック方式 142
ラッチ
　R・S—— 41
　D—— 41
ラッチ回路 41

ラムバス DRAM 144
ランダムアクセス方式 119

リップルカウンタ 81
リップルキャリ方式 104
リフレッシュ 121
リロケータブル 17
リングカウンタ 89

ルーピング 66

レコード数 126
レジスタ 4, 105
　シフト—— 106
　ストローブ入力付き4ビット—— 106
　ベース—— 17
　命令—— 3
　メモリアドレス—— 4
レジスタ間接 16
レスポンスタイム 155

ロードモード 108

■ わ行

割込み
　外部—— 95
　多重レベル—— 96
　同時—— 96
　内部—— 95
　ベクタ—— 95
割込み処理 94
割込みベクタ 96
ワンタイム ROM 123

索　引　199

【著者紹介】

浅川　毅（あさかわ・たけし）

　学　歴　東海大学 工学部電子工学科卒業（1984年）
　　　　　東京都立大学大学院 工学研究科博士課程修了［電気工学専攻］
　　　　　（2001年）
　　　　　博士（工学）
　職　歴　東海大学 電子情報学部 コンピュータ応用工学科 助教授
　　　　　東京都立大学 大学院 工学研究科客員研究員
　　　　　第一種情報処理技術者
　著　書　「図解 やさしい論理回路の設計」オーム社
　　　　　「PICアセンブラ入門」東京電機大学出版局
　　　　　「基礎コンピュータ工学」東京電機大学出版局 ほか

基礎 コンピュータシステム

2004年 3月30日　第1版1刷発行　　　　ISBN 978-4-501-53710-4 C3004
2018年 3月20日　第1版2刷発行

著　者　浅川　毅
　　　　ⒸAsakawa Takeshi 2004

発行所　学校法人 東京電機大学　〒120-8551　東京都足立区千住旭町5番
　　　　東京電機大学出版局　　　〒101-0047　東京都千代田区内神田1-14-8
　　　　　　　　　　　　　　　　Tel. 03-5280-3433(営業) 03-5280-3422(編集)
　　　　　　　　　　　　　　　　Fax. 03-5280-3563 振替口座 00160-5-71715
　　　　　　　　　　　　　　　　http://www.tdupress.jp/

JCOPY　＜(社)出版者著作権管理機構　委託出版物＞
本書の全部または一部を無断で複写複製（コピーおよび電子化を含む）することは，著作権法上での例外を除いて禁じられています。本書からの複製を希望される場合は，そのつど事前に，(社)出版者著作権管理機構の許諾を得てください。
また，本書を代行業者等の第三者に依頼してスキャンやデジタル化をすることはたとえ個人や家庭内での利用であっても，いっさい認められておりません。
［連絡先］Tel. 03-3513-6969，Fax. 03-3513-6979，E-mail：info@jcopy.or.jp

印刷：新日本印刷(株)　　製本：渡辺製本(株)　　装丁　高橋壮一
落丁・乱丁本はお取り替えいたします。　　　　　　　　　Printed in Japan